法式千層甜點專書

Voilà! Les viennoiseries

賴慶陽 著

從花蓮誕生層層堆疊的「千」種甜蜜

二〇一二年是「邊境法式點心坊」在花蓮誕生的第一年，那時候花蓮還沒有太多道地的法式甜點，而他默默耕耘著自己的甜點夢想──帶入花蓮情懷的法式甜點，一直堅持了十二年。

二〇二三年榛蔚曾與慶陽深聊如何將花蓮在地食材做更好的發揮與運用，同時品嚐邊境在訪談中準備的甜品，一邊品味，一邊思緒飛揚地談著如何將茶香入味、如何將米穀粉融入泡芙、醬料之中，又或將文旦柚加工使用。慶陽是一位具創意、有想法、務實，而且願意為達理想不斷嘗試實現的甜點師傅。果然，今年他又推出了新著作《法式千層甜點專書》。榛蔚很榮幸能跟大家推薦他的食譜書，除了收錄了創業十二年「邊境法式點心坊」的千層獨門配方與作法，如何運用花蓮在地食材與風味，更為你揭開製作千層甜點的神秘面紗。透過深入淺出的五大單元介紹、多款暢銷千層的精心呈現，讓每一位讀者深入探索法式千層的文化、理論與實作，這是一本挑戰華文世界最扎實詳盡的法式千層 mille-feuille 指南！

榛蔚認識的慶陽是一位深富文化底蘊的主廚，而這本書的特色之一是其扎實的知識解說。更有隨著季節的步伐，配合花蓮縣政府提倡從產地到餐桌的食農教育，優先採用當季、在地的食材製作甜點，再透過精美的圖文、故事，悸動顧客的心，驚艷大家的味蕾。

這本書循序漸進地讓讀者由簡入難，從基礎的製作方法到複雜的技巧，讓新手與資深讀者都能夠找到適合自己的出發點，其中好幾樣甜點運用了花蓮的食材，因為「法式料理的精髓就是運用唾手可得的材料」，書中圖文並茂的方式，讓閱讀時既生動又易懂，絕不會讓人感到枯燥。就像作者的本意，透過甜點傳達的是幸福、且真心的溫暖。

論一本配方書的美貌與實力兼備方面，《法式千層甜點專書》確實做到了極致。精美的圖片與實用的敘述相得益彰，讓人一眼就能被吸引，並且能夠迅速掌握製作法式千層的要點，書中滿滿是老師的提醒與叮嚀。這本書背後蘊藏著作者十多年的心血。通過烘焙後記、產品銷售心得、給烘焙後進的建議以及獨家推薦的千層甜點圖鑑，讓我們更深入地了解了法式千層的世界，同時也感受作者的熱情與用心。

最後，讓我們一起享受這份甜蜜的時刻。在這個充滿幸福的時刻，忘卻一切煩惱，只專注於這份美味的甜點中，一口一口品味著幸福的味道，讓這份美好的記憶永遠留在心中。

千層蛋糕，千種甜蜜。不僅是一道美味的甜點，更是一份帶來幸福的饗宴。讓我們一起享受這份美好時光，讓甜蜜、幸福的滋味永遠伴隨著我們。

花蓮縣長

徐榛蔚

讓大家甜在心，感受幸福的 Jason

當 Jason 邀請我幫這本書寫推薦序時，我是很怕自己不夠格的，雖然我以前寫過很多法國餐廳和甜點店的評論及推文，但一直覺得甜點是另一門學問，學料理的我對甜點的學理還懂太少，但後來想想，就是連我都看得懂，所以這本書才厲害呀！

第一次認識 Jason 時我人還在法國，那時他已經念完 ENSP（法國國立高等糕點學校）回到臺灣，常常有學甜點的朋友跟我提到花蓮的邊境甜點很有名，我注意到他的甜點真的很有水準，具有美學、製作嚴謹工整，而且有創意。

我小兒子從小在法國長大，吃的都是法國人做的甜點，在邊境吃到草莓開心果千層，那是夾著兩層奶油的千層，上層是開心果奶油，下層是香草奶油，但吃起來很輕盈。這道甜點可能在我兒子心裡留下了第一名的印象，因為他在後來的美術課裡，竟然僅憑印象就用黏土做出這道甜點栩栩如生的模型。

二〇二二年暑假，我帶著幾個可麗露模子去花蓮找他交流，見面時 Jason 一開口道：「我的可麗露也是演進了好幾個版本，這要從十年前說起...」，哇～十年的研究耶！關於糖多一點會怎樣？蛋黃多一點會怎樣？噴烤盤油和刷奶油的差別，奶蛋液回不回溫的差別，他給了我很多學理上的見解，所以這次他寫書要挑戰華文世界最扎實詳盡的千層指南，我絕對相信！

和 Jason 熟了之後，我常常被他的生活哲理、育兒大小事的正能量感動！除此之外，他在靈性學習及社會公益上也一直從自身出發實踐，影響周圍的人。我相信這樣的他所做和教出來的甜點，不只是甜在嘴巴，也讓大家甜在心，感受幸福。

旅法法式料理主廚「安東尼廚房」站長及「Daily Sweet Thing 恬事」。

旅法法式料理主廚「安東尼廚房」站長及「Daily Sweet Thing 恬事」共同創辦人　——安東尼

在花蓮繁星點點的夜空下，
一道微弱的光芒閃爍著，
彷彿是天使的微笑，彷彿是愛情的永恆。
這是遺落在花蓮邊境的美好

從遠古的時光裡，千層甜點就如一首動人的詩篇，記載著愛與情感的故事。而今，我們將穿越時光的迷霧，來到一場美味的奇幻旅程中。這不僅是一場對味蕾的饗宴，更是一場對心靈的啟迪。因為在每一層千層的背後，都藏著主廚的心思，都流淌著愛的魔法。

《法式千層甜點專書》是主廚對浪漫的賦予，對愛情的致敬。在這裡，你將不僅僅是一位讀者，更是一位探索者，一位夢想家。每一頁的翻開，都是一次對美好的追求，每一道的品味，都是一場對生命的歌頌。

從理論到實踐，從基礎到頂尖，這本書將引領你進入千層甜點的奇妙世界。從製作工具的選擇，到材料的搭配，再到技巧的掌握，每個細節都將讓你更了解甜點的精髓。

在這本書中，我們將品味美食，感受生活的美好，並不斷追求創新的可能。讓我們攜手前行，踏上這場浪漫的烹飪之旅，讓每一個千層成為愛情的見證，每一個味道成為生活的樂章。

這就是《法式千層甜點專書》，一本關於追求極致美味的烘焙食譜書，包括味蕾與靈魂的對話，也是關於生活與美好的追求。讓我誠摯地為各位推薦這本書。

統一麵粉烘焙技術顧問
——呂昇達

不同的領域，相同的態度

成功的人，都有一種特質，那就是專注與堅持，無論是在烘焙或是地方創生。

二〇一二「邊境法式點心坊」開幕，輾轉認識了慶陽與 Kim，慶陽在法國學習正統甜點料理，回到家鄉開了邊境，並將在地的農作物，融入在點心裡，蕗蕎做的餅乾、馬告風味巧克力、洛神花、柚花做成的慕斯。甜點有了陪伴家鄉的意義，與不一樣故事，玉里是慶陽的老家，一點一滴在教學與食材上，回饋故鄉花蓮與台東，就是慶陽內心的初衷。

我邀請慶陽教導孩子們，瞭解烘焙與拓展視野，慶陽與伴侶 Kim 都是溫暖的人，毫無考慮就答應了，材料 / 師資 / 交通費沒有收取任何費用，在上課過程中，我能感受到慶陽專注認真的態度，感覺就像棒球選手，要上場比賽前一樣的認真，並將原料製作的細節，清楚告訴孩子，了解食材的原理，更能加速學習的時間，使此次成功的路更順遂。

真心回饋，無私奉獻

課程結束後，孩子們在店內廚房外的透明櫥窗，看著慶陽專注的製作蛋糕，在如此的高雅潔淨的環境下販售，一個人能靠興趣（烘焙）養活自己與家人，那就是夢想，我們在邊境品嚐慶陽、Kim 製作與設計的法式甜點，每樣甜品都有著夢幻的名字，和藝術品般的造型，在偏鄉的孩子，第一次瞭解品嚐食物，是如此優雅舒適，讓人不想離開。

這些年的相處，君子之交淡如水，我真心感謝慶陽、Kim，讓孩子打開視野，如果製作甜點是教導孩子們的禮物，他們認真付出的態度，就是開啟孩子視野的鑰匙，不同的視野，決定未來的成就，讓偏鄉的孩子看見不同的世界，在心中埋下探索的種子，未來才能萌芽茁壯。

「練習曲」書店主人
——胡文偉

原來，眞的有一種味道叫做幸福

二○一二年冬季的某一天，東北季風讓花蓮更加冷冽，忙碌的工作結束後，我在夜色裡第一次走進邊境。聽說這是花蓮第一家法式甜點店，我點了金黃羅浮檸檬塔與一杯熱巧可力，第一口品嚐檸檬塔...當下內心充滿甜蜜的感動。

原來，「幸福的甜點」不是一句廣告詞。

為了這份感動，我認識了 Jason 慶陽，得知他是一位花蓮子弟，在法國習得甜點製作的技藝回到臺灣，然後將法式甜點的幸福味道帶進花蓮。

為了找回讓心情美好的幸福味道，我也成為邊境的常客，開始留意 Jason 慶陽對花蓮的用心。

我發現邊境將許多花蓮優質的農產品加入法式點心裡，Jason 慶陽告訴我，法式甜點的精神之一就是結合在地食材。

於是，芋頭、鳳梨、洛神、文旦柚、剝皮辣椒、蜜香紅茶...等，許多花蓮的農產品因此精緻加工，大大提升了它的價值。

我知道 Jason 慶陽一直是忙碌的，然而他卻不計盈虧的邀請臺灣各地烘焙大師來花蓮授課，更長期在花蓮偏鄉地區分享教學，讓偏鄉的學子也能見聞法式點心的製作。

我曾經忍不住的提醒他：不要太累了。

他依然深情款款的親近花蓮土地。

花蓮，有幸福的味道。

洄瀾薯道、鳳梨灣、文旦復興創辦人
——劉瑞祺

法式甜點裡的大「千」世界
還記得，在法國吃到了法式千層酥的第一印象是「驚爲天人」！

回想十二年前，是我剛剛跨入法式「千層酥」的年代，臺灣的烘焙圈還沒普及使用動物性奶油來製作層層疊疊的千層蛋糕，師傅們多半只能買到植物性的常溫起酥片油（高溫環境好操作再加上成本低廉）。製作出來的千層雖然非常漂亮，一樣層次分明，香氣濃郁，但是化口性不佳，吃久了嘴巴裡像是抹了一層融化不開的油脂，而且連千層中間的夾心都使用乳瑪琳製作的奶油霜，吃幾口就膩的不想再繼續吃了，而這正是我對法式千層酥的初體驗。幾年之後，來到法國學習製作千層類的甜點，看到了原始的製作方式、吃了道地的千層後，我對千層酥完全改觀了——它是如此美味有魅力，像是甜點界中不可或缺的一顆珍珠。

法式千層 mille-feuille 是一個博大精深的甜點元素。而且妙的是，全世界都有類似這樣的甜點作法：意即將奶油（或含油量較高的麵團）放入麵團中，然後或摺疊創造層次，或是滾捲起來創造層次，再進行烘烤。其烘烤出來的樣子就是層層疊疊、一片接一片。如果麵團含水量高，吃起就是酥脆，如果麵團含水量少，吃起來就是柔軟的糯米紙一般，入口即化。在歐洲，這種麵團就是所謂的維也納式（Viennoiserie）的甜點元素，因為歐系的奶油含水量高（約18%），因此在烘烤完之後總是會受到水蒸氣的影響而膨脹長出層次，維也納式甜點因此得其盛名「千層 feuilletage」，而麵包類最素富盛名的就是「可頌 croissant」。我在法國進修甜點的過程當中，

這兩樣甜點是必學，也是我最著迷的品項之一。

千層的堆疊方法像是魔術師的奇幻秀，最終的長相是可以被決定的，只要甜點師用「對的製法」以及「技法」製作千層派皮。不同的作品當然必須搭配最適合它的千層酥皮，無論它扮演的是主角還是陪襯的綠葉——提供另外一個層次的口感和風味，都要經過實際搭配才能表達一道甜點想要勾勒的樣貌。本書中的千層酥有三種基礎製作方法：傳統正摺、新技法反摺以及快速法，而傳統正摺法又分為多層次（768 層）與少層次（27 層）的摺疊法。這樣子一來，就產生了多元排列組合，新手師傅除了可以參考我們建議的酥皮外，更能讓資深師傅們自由選擇使用的酥皮。在本書第一個章節中，我精細地分享了不同派皮所創造出來的口感與風味，更多的著重在派皮所選用的食材所帶來的差異，如果想要對派皮配方做調整的讀者可以挾著理論痛快地做各種不同的實驗，創造出甜點師傅們理想中的酥皮樣貌。

順帶一提，這次也是我首次嘗試以線上課程搭配食譜書的方式發行，為的就是彌補文字與照片所無法傳遞的訊息：動態細節。我們都知道，純文字的描述或靜態的照片，很難一五一十的呈現製作的過程，許多時候學習者更願意實際的體驗實體課程，為的就是體驗動態細節，以掌握更多製作時被忽略的眉眉角角。動態影音與靜態文字照片能夠達到更好的互相補充，讓學習製作的朋友能夠回放重要的示範片段，同時也不受限一定要有播放影音的設備（有時候在廚房還真的很不方便），兩者相互搭配，我相信一定能達到更好的學習效果。除此之外，我們也會創設可以問答的互動平台，讓購買線上課程的朋友可以透過互動平台的一問一答，解惑學習時所遇到的問題。

這本「法式千層專書」蒐錄了我跨入法式甜點圈以來的所有心血結晶，大量的經驗與研究成果，其中有「邊境」元老級的千層甜點，數年間與花蓮風土結合後呼應而醞釀的新風味，還有改了外衣採用千層酥所表現的傳統法式甜點。也有從開店一直嘗試到現在都還在不斷進階的國王餅 Galette des rois 製作方式，用來作為鹹點料理的配件、各式可以作為小點的餅乾類型千層酥，最後用組合式的大型蛋糕如聖多諾黑、大千層蛋糕等收尾。深怕有遺珠之憾，又再分享了邊境經典的原味可頌、自創版可頌肉桂捲等，無一不是想讓讀者們一覽法式千層酥所創造出來的大「千」的世界，跟 Jason 主廚一起徜徉在層層疊疊的美味與酥脆魅力之中。

最後，我要感謝妻子金姿，是她啟發我帶出本書的主題：法式千層酥，過程中擔綱重要的美術指導、一路支持與鼓勵我。以及上優出版社團隊薛老闆，編輯 Amber 與美術設計小馬、嘖嘖的專案管理大澤、平面攝影師阿德、動態攝影團隊，幕後贊助的所有廠商，沒有大家齊心齊力我們不會有這次巧奪天工的組合呈現，Jason 由衷感謝所有參與者的付出貢獻。希望本書能成為華人甜點圈人手一本的「千層酥皮」工具書。

邊境法式點心坊主廚
—— Jason 賴慶陽

MICHEL
CLUIZEL

千層技法
速查表

反摺法千層麵團

PART 2 常溫千層

2-9 蘋果修頌
P.90

2-10 檸檬修頌
P.94

PART 4 鹹點&組合型千層

4-8 實作 8 吋國王餅
P.178

4-9 實作 6 吋國王餅
P.182

4-10 實作 4 吋國王餅
P.184

快速法千層麵團

PART 2 常溫千層

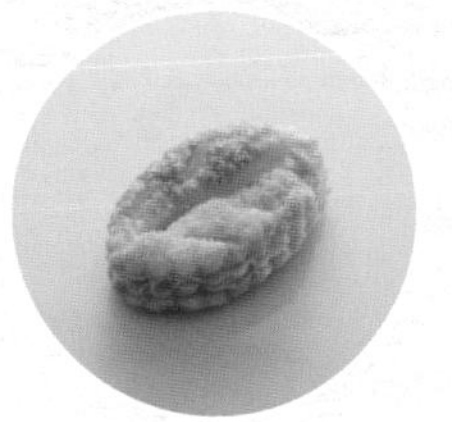

2-1 秋葉酥
P.68

2-2 蝴蝶酥
P.70

蛋糕體／泡芙醬／餡料速查表

千層酥是如此美味有魅力，像是甜點界中不可或缺的一顆珍珠。跟 Jason 主廚一起徜徉在層層疊疊的美味與酥脆魅力之中。

如何使用本書？

有鑑於千層世界結構繁雜，我們精心製作了本書的「使用說明書」，用最輕鬆愉快的心情，探索千層世界，尋找各種口味和變化。

產品製作部

❶ **單元編號、產品名稱、製作難易度標示。**難易度一星為易，以此類推，五星最難。

❷ 每道產品皆有標示「使用的千層皮」、「千層皮是否打洞？」、「使用模具」。參照產品標示至「對應技法頁數」製作千層皮。

❸ 以圖文並茂的方式闡述產品製作方法。

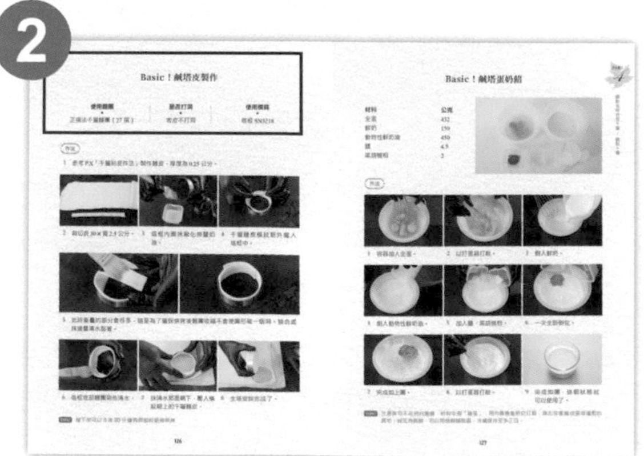

部分產品標示（如鹹塔），塔皮指引會放在 Basic 製作區。

製作舉例：

☑ Basic ！鹹塔皮製作（P.148）。

☑ Basic ！鹹塔蛋奶餡（P.149）。

鹹塔蛋奶餡
P.149

鹹塔皮製作
P.148

30 度波美糖水製作方式

材料

材料	公克
細砂糖	135
水	100

作法

1. 做甜點的麵團不能攪打到出筋，攪打到出筋是麵包的作法，筋性太強的麵團後續操作會很容易縮，不好整形。
2. 糖漿在室溫中冷卻之後就可以使用了。如果要長期保存，請將糖漿置於樂扣容器之內冷藏保存可達一個月。

如何使用本書？

有鑑於千層世界結構繁雜，我們精心製作了本書的「使用說明書」，用最輕鬆愉快的心情，探索千層世界，尋找各種口味和變化。

產品製作部

❶ **單元編號、產品名稱、製作難易度標示。**難易度一星為易，以此類推，五星最難。

❷ 每道產品皆有標示「使用的千層皮」、「千層皮是否打洞？」、「使用模具」。參照產品標示至「對應技法頁數」製作千層皮。

❸ 以圖文並茂的方式闡述產品製作方法。

1
秋葉酥
Les feuilles
難易度 ☆☆☆☆★

2
使用麵團 ▼ 快速法千層麵團
是否打洞 ▼ 表皮不打洞
使用模具 ▼ 葉形模具 SN3803

3
作法
1 取出冷藏完的皮，用壓麵機（或擀麵棍）擀壓至 0.15 公分厚（本產品所需厚度），放入冷凍冰鎮約 5 分鐘。
2 以模型切出葉狀造型，將裁切好的葉子間距相等鋪在矽膠孔洞烤焙墊。（圖 1）
3 葉子表面抹上一層薄薄的全蛋液，以鋒利小刀劃出葉脈紋理，撒上細砂糖。（圖 2 ~ 4）
4 旋風烤箱設定上下火 170°C，烘烤約 20 分鐘。

甜蜜小訣竅
☑ 千層派皮在室溫中容易軟化，因此操作過程需時常注意餅皮的「溫度」，一旦餅皮過軟就要趕緊再讓他回到冷凍庫冰硬。
☑ 切割千層派皮時要讓邊緣呈現厚度，不可有「收斂邊」的現象產生，否則膨脹時無法呈現層次感。

46
47

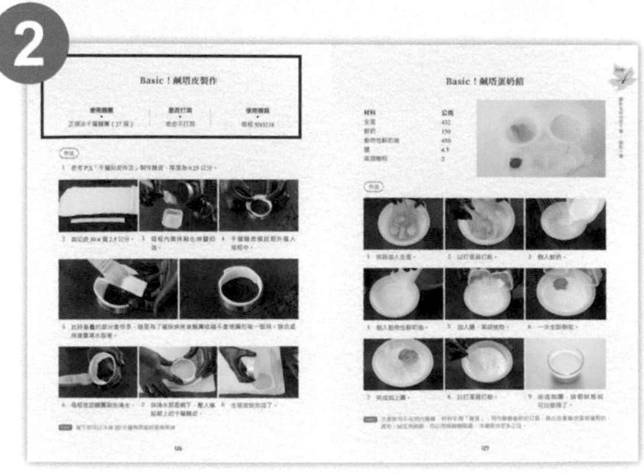
2
Basic！鹹塔皮製作
Basic！鹹塔蛋奶餡

部分產品標示（如鹹塔），塔皮指引會放在 Basic 製作區。

製作舉例：

☑ Basic ！鹹塔皮製作（P.148）。

☑ Basic ！鹹塔蛋奶餡（P.149）。

疑難排解部

❹ **本書指引頁，收錄「如何使用本書」、「千層技法速查表」、「其他速查表」。**

☑ 如何使用本書：快速看懂食譜的操作方式，與其他一應須知。

☑ 千層技法速查表：一覽全書「千層」技法對應產品，讓讀者可以根據技法挑選產品製作。

☑ 蛋糕體 / 泡芙 / 醬 / 餡料速查表：收錄適用範圍廣的蛋糕體、泡芙、餡、醬等等。

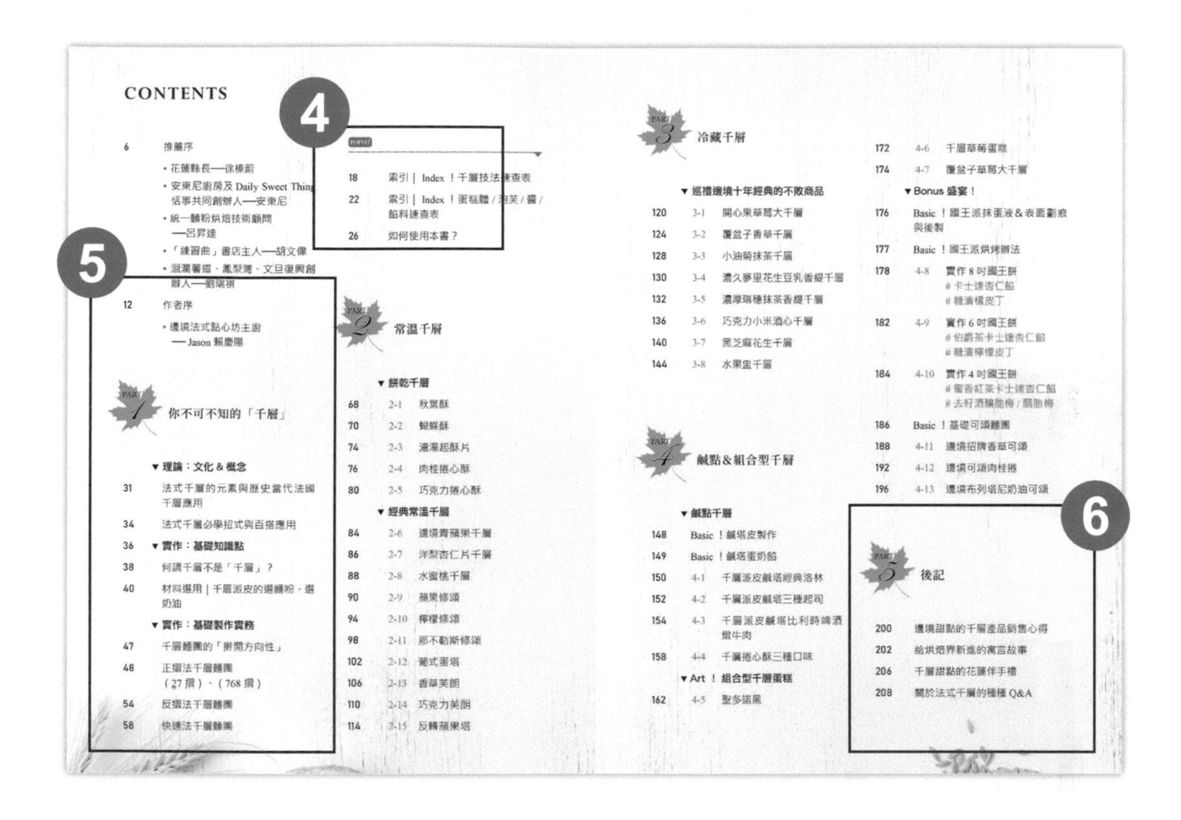
CONTENTS

❺ **單元一收錄各式千層小知識，比如：**

千層甜點 VS. 千層麵包的差異？ 想知道千層的前世今生？		1-1-1 法式千層的元素與歷史當代法國千層應用
千層的工具選擇？	▶	1-2-2 工具選用｜工欲善其事，必先利其器
三種千層技法的口感差異？		1-2-4 不同技法的口感效果

❻ **後記單元。**

收錄邊境開業至今一路上的心路歷程，與想對廣大烘友、甜點迷說的話。從經營面、銷售面、現實面談起，當然少不了吃貨最愛的伴手禮專區。邊境如何平衡這些心緒？如何兼顧夢想與現實？結合在地力量，在如詩如畫的花蓮開出一朵甜蜜的花。

你不可不知的「千層」

- 理論：文化 & 概念
- 實作：基礎知識點
- 實作：基礎製作實務

本書中的千層酥有三種基礎製作方法：

傳統正摺、新技法反摺以及快速法，而傳統正摺法又分為多層次（769 層）與少層次（28 層）的摺疊法。這樣子一來，就產生了多元排列組合，新手師傅除了可以參考我們建議的酥皮外，更能讓資深師傅們自由選擇使用的酥皮。

1-1

理論：文化 & 概念

閱讀了大量的「千層麵團 feuilletage（維也納式麵團的一種）」中外文獻之後，發現千層麵團博大精深，我慚愧曾經對它那麼怠慢與粗心。

法式千層的元素與歷史當代法國千層應用

千層麵團的起源早已不可考（一般來說可以追朔至十七世紀），涉及的地理範圍廣大可以橫跨歐亞地圖，雖然運用在甜點上的方法非常多元，但製作方式大概相同，讓千層麵團膨脹的原理也大致相同。而隨著時代演變，如今的千層麵團已被創意無限的甜點師傅們用以各種姿態與呈現，比如：最傳統的餅狀（Pithiviers[1]）、片狀、波浪狀、環形杯子狀，甚至管狀等，搭配著不同種類與風味的餡料交織成琳瑯滿目的千層類別產品。不誇張，如果在當代（二十一世紀）有一間甜點坊僅以千層為主題販售甜點，其產品種類項目絕對可以堆滿一整間店沒有問題。

好的，言歸正傳，在學習法式甜點的過程中，教科書通常會將摺疊麵團類的甜點歸類到 viennoiserie（維也納式麵團）的範疇內，再向下細分就會來到千層麵團 pâte fcuilletée 和可頌麵團、維也納式麵團（或有時也稱作丹麥麵團）。

那麼，什麼是「維也納麵團類甜點（viennoiserie）」？

當我正在法國學習甜點的過程中，印象中曾經有一週大量接觸學習以「維也納式麵團」製作的產品項目，配方繁多如可頌 croissant、布里歐麵包 brioche、布里歐千層、千層、維也納麵包 / 吐司。而主廚師傅在課程的一開始並沒有解釋太多，也許是他們對這項經典已經太習以為常，而對外國人來說真像霧裡看花，要區分這幾樣甜點跟一般的法式甜點，它們的差異究竟在哪裡？為什麼不乾脆歸類在法式甜點 pâtisserie 當中，真的是摸不著頭緒，在經過數十年的實際操作與深入研究之後，我把其概念大致歸納如下：

維也納式麵團的概念就是泛指（奧地利）維也納人們早餐會吃的高糖、油與牛奶的麵包（這些元素像極了臺式甜麵包[2]）。在法式體系的麵包與甜點中，它（維也納式麵包）扮演了「橋」的概念，銜接兩者的風味與口感。最一開始的「布里歐 Brioche」就是最傳統與經典的代表。高奶油含量、高糖的軟麵包，口感是不是與傳統的無糖油歐式「硬」麵包差很多呢？

接下來有趣的事發生了，甜點師傅將奶油摺疊進麵團中，進而創造了「可頌類型」的麵團，摺疊次數的不同創造了各種各式組織質地與口感的可頌麵包。接下來問題來了—這也常常是朋友們最常問我的問題：**「所以，可頌跟千層麵團到底差在哪裡呢？」**

---

[1] Pithiviers：是傳統對於千層式類型甜點的統稱，舉例像是當代國王餅 galette des rois，又稱作「皇冠杏仁派」。

[2] 臺式甜麵包：臺式麵包配方中有大量的糖、牛奶、奶油與維也納式麵包幾乎相同。不同處在於「奶油量」的差別，維也納式麵包的奶油含量極高，因此布里歐許 Brioche 又稱作富人版麵包。

同樣都是裹著奶油，同樣都要經過摺疊的麵團，
它們最大的差別就是「酵母菌 levure bio」的添加。

▸ 可頌麵團的膨脹主要是靠酵母菌產出的氣體。

▸ 千層麵團的膨脹主要是靠摺入奶油中的水分[3]變成的水蒸氣。

答案很明顯，麵包類就是有加入「酵母菌」的麵團，而偏向甜點的「千層」是沒有添加「酵母菌」的麵團。另一個很重要的概念是「麵粉種類」，既然是麵包，運用的麵粉通常需要麵筋／麩質（Gluten），所以麵包麵粉所使用的是特高、高筋與中筋粉居多、而千層所使用的多半是低筋性的麵粉，頂多用到些許中筋粉。

[3] 水在沸騰的時候，分子結構改變形成水蒸氣，體積膨脹 1700 倍。

再來就是「摺疊次數」，在這邊我們所講的摺疊次數，就是將奶油裹入麵皮中後的層層疊疊的層次。可頌麵團因為麵筋所致，無法進行太多的摺疊（一旦筋性斷裂，奶油與麵團就結合了），所以會將層次控制在 20 層以下。

而千層麵團就不同了，麵團可以摺疊到 82 ~ 800 層都可以，如果層次太少，反而吃不出千層的酥鬆口感，而會偏向脆硬（這部分的製作技法與口感質地差別，我們將在書中邊做邊讓大家了解與領略）。

說到當代的法式千層蛋糕，真是五花八門，甚至每隔數月就會有一個新的運用方法或應用，製作技法也在師傅們不斷技術迭代之下，愈來愈有效率，其結果趨近完美，而近代研發製成的反摺法千層 pâte feuilletée Inversé 更被廣泛運用在需要完美又工整膨漲的國王餅 galette des rois、經典蘋果修頌 chausson aux pommes 與蝴蝶酥餅 palmier 等。

順帶一提，在我們論及維也納式的麵團時，相信大家一定也常聽到拿破崙蛋糕[4]、「丹麥式 Danish」的各種麵包，千層跟「丹麥」又有什麼關係呢？

據考證，其實丹麥麵團就是如假包換的維也納式傳統麵團：由含有麵粉量大的麵團包裹奶油後，層層疊疊摺合起來的麵團。十九世紀中葉（約一八五〇年）丹麥本地的麵包店雇用了來自奧地利的麵包師傅，而奧地利麵包師傅帶來了自己的麵包配方，因此導入了維也納式的麵包麵團，經歷長時間的在地化融合與口味調整，終於在丹麥發展出獨樹一幟的丹麥式麵包甜點 Danish pastry。

因此請特別注意，在書中我們所說的丹麥式的麵團多指的是「裹油麵包類型」的麵包甜點，也就是加入了酵母菌的麵包產品。

---

[4] 傳統西點中「拿破崙」的由來：臺灣早期麵包坊中隨處可見的「拿破崙蛋糕」其實源自英文名稱「Napoleon」（英倫地區）及「Napoleon Slice」（加拿大地區）；這名稱本來是取自法文 Napolitain，意思為「義大利拿坡里式（製作的糕點）」，後來被誤解為法國皇帝拿破崙（一世）的名稱，實際上和拿破崙一點關係都沒有。

法式千層必學招式與百搭應用

本書所運用的千層製作方式多半集中在「正摺法」與「反摺法」，較少使用「快速法」，以下我們來介紹這幾種製作千層麵團的方式：

正摺法
Pate feuilletage

P.48~53

也就是以麵團裹入奶油的方法，較為傳統，摺數較多（一般來說，摺疊層次會到達 500 層以上），即使在家中也比較好操作，對操作溫度的要求相對低一些，室內溫度不宜超過 26˚C。

反摺法
Pate feuilletage enversé

P.54~57

相反地，以混入麵粉的奶油做成油團，裹入麵團後進行摺疊後製，摺數較少（一般來說不會超過 120 層）。但是因為油團在外，對操作溫度的要求相對較高一些，一般來說室內溫度不宜超過 18 ~ 22˚C。

快速法
Pate feuilletage rapide

P.58~61

將裹入油也加入麵團中先攪拌成沙狀，再加入水讓沙狀成團，然後再進行後製摺疊。摺疊次數也較少（一般來說也不會超過 120 層）。對環境操作溫度也較不要求，室內溫度不宜超過 26˚C。

TIPS/ 理想的環境溫度：18 ~ 26˚C。

三種摺疊麵團的方法創造不同的口感與層次組織，每一種甜點因為造型（層次鮮明）或追求的口感，使用的麵團會不太一樣。比方像傳統的千層蛋糕會運用正摺法的千層；國王餅多半會使用反摺法千層麵團；而蝴蝶酥則三種麵團都可以。

正摺法的摺數較多，因此會創造更為「酥鬆」的口感。而反摺法的麵團因摺數較少層次更鮮明、且摺疊時油團在外，因此偏向「酥脆」的口感。快速法層次最不鮮明口感也更偏向餅乾質地，但是製作麵團的時間短、效率高，非常適合用在蝴蝶酥、蛋塔與薄片型的千層皮等產品。

除此，在製作過程中，裹入奶油也有不同的「裹入」方法，如摺合法、十字包油法、三明治法，但是說到底都只是為了方便製作時不「爆油」的方法，製作時還是要特別注意麵團與奶油的溫度（建議使用紅外線溫度計測量），才不至於奶油在麵團中分佈不均勻，如斷裂成一片片、奶油跟麵團融合，或奶油從麵團中被擠出。

摺合麵團的方式分成對摺、單摺（三摺）與雙摺（四摺）

千層麵團的精華就在於那堆疊而成的口感與組織，尤其是口感，因此摺疊的多寡直接影響麵團烘烤之後的組織。摺疊方法不外乎就是兩層（對摺）、三層和最多四層。也許有人會問，為何不直接來個 10 層？其實多層次不是不能，只是過多的摺疊會造成麵團筋性生成，進而造成麵團龜裂，最後導致「麵」包不住「油」，而「破酥」了，所以即便是經驗老道的千層師傅，都會十分有耐心地摺疊一兩次後，讓麵團在冷藏 / 冷凍休息一陣子（通常 30 分鐘），然後再進行下一輪的摺疊。當然，每次摺疊完的厚度與麵團溫度都要細心地照顧，千萬別讓麵團溫度過高而讓奶油融化跟麵團融合了。

「摺」與「層」是不一樣的東西，計算層次都要加一，才會是實際「層次」；
摺法的話就只是單純讓操作者明瞭，產品使用的是什麼技法（三摺或四摺）、操作幾次。

層次如何計算？

公式：1+（摺疊方式）$^{次數為 n 次方}$

公式	1	+	（摺疊方式）$^{次數為 n 次方}$	=	答案

範例題目 1：

三摺二次	1	+	3^2 代表三摺 代表二次	=	10 層
算式：1+（3^2）=1+9=10 層					

範例題目 2：

三摺四次	1	+	3^4 代表三摺 代表四次	=	82 層
算式：1+（3^4）=1+81=82 層					

範例題目 3：

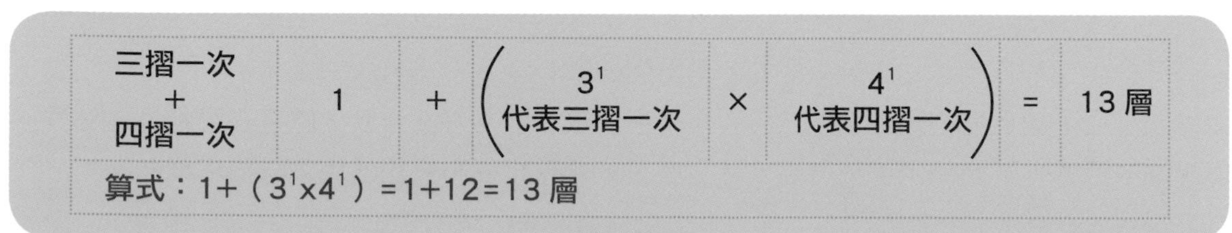

三摺一次 + 四摺一次	1	+	（3^1 代表三摺一次	×	4^1 代表四摺一次）	=	13 層
算式：1+（3^1x4^1）=1+12=13 層							

1-2

實作：基礎知識點

有些人會發現，在千層派皮烘烤完之後，仍會因「填充餡料」，形狀倍受限制。

舉凡片狀的千層無法「站」著填餡料，或者圈狀千層填入餡料後無法站立等，許多千層酥是「放在模具中」組裝的，也因為在模具中組裝，所以可以組合成千奇百怪的姿態。傳統的千層派皮組合完成後才進行切割，而阻礙了拼裝時候的想像力。

拜現在科技之賜，我們可以用模具創造出我們想要的千層樣貌，經過冷凍後將餡料定型，再從模具中取出即可。因此，現在要創造出各種樣式的千層已經不再像傳統組合千層派一般困難，可以天馬行空，可以運用五花八門的零件素材，只要有「框」一切好辦！

不同層次與口感效果

千層好吃的精髓就在於它層層疊疊的交錯口感，麵團帶來的酥脆口感，奶油帶來的香氣與膨脹，不同的裹油方式帶來了天差地別的口感與應用。如前文所述，千層派皮採用「正摺」與「反摺」創造出來的口感就有明顯的差別，倘若換成是「快速法」製作的麵團差別更大。本章我們就先從不同的裹油方式來了解口感 & 層次的學問。

正摺法

口感特色

傳統的正摺法麵團必須經過多次的摺疊，否則在烘烤中容易「漏油」，且口感上與層次組織較不明顯。一入口的口感偏脆硬，層次感十足。

反摺法

口感特色

反摺法不需要太多的摺疊因此層次明顯。因為油層在外，而產生了「酥脆」的口感。油脂在外也有比較好的防水性，一入口的口感偏向酥脆，化口性佳。

快速法

口感特色

快速法在初步的麵團製作過程中已經產生所謂層次，只要經過幾次摺疊，就可以產生初步的「層次」與千層派該有的組織，很適合用來組織層次要求不高的產品如蝴蝶酥、傳統蘋果修頌或捲心酥類的產品，口感偏向酥鬆。

1-3

實作：基礎製作實務

千層麵團的「擀開方向性」

以三摺麵團舉例說明

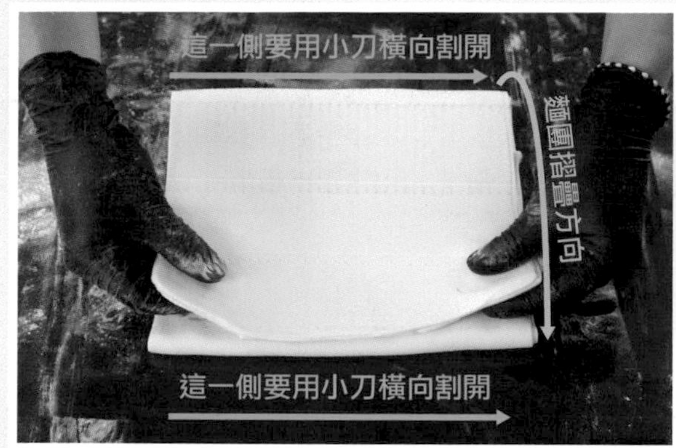

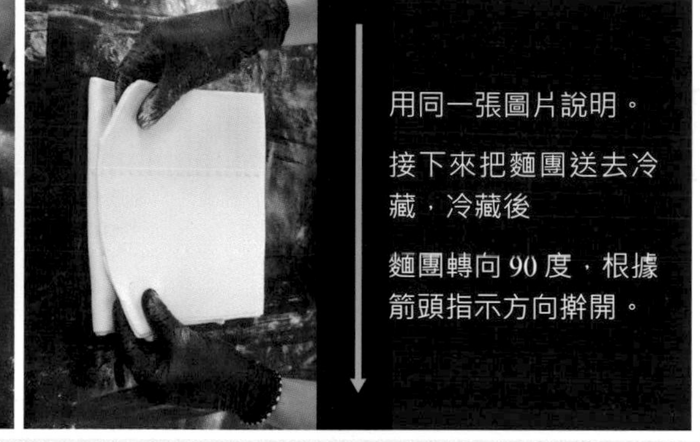

1　使用兩個顏色標示，一個是摺疊的方向；另一個是摺疊後用小刀割開麵團鬆弛，割開位置示意圖。

TIPS! 四摺的麵團，割開、擀開的方向性也與上圖邏輯一致。

2　透過同一張圖片輔助說明。接續上一個步驟應會將麵團用保鮮膜包裹，冷藏 30 分鐘，接下來的動作是再次取出擀開。「擀開」是有方向性的，需參照上圖箭頭方向擀開，擀開方向錯誤會導致層次消失唷。

當麵團摺疊完畢，實際應用於產品也有「方向性」

以 P.107 千層貼皮舉例說明擀開方向性。

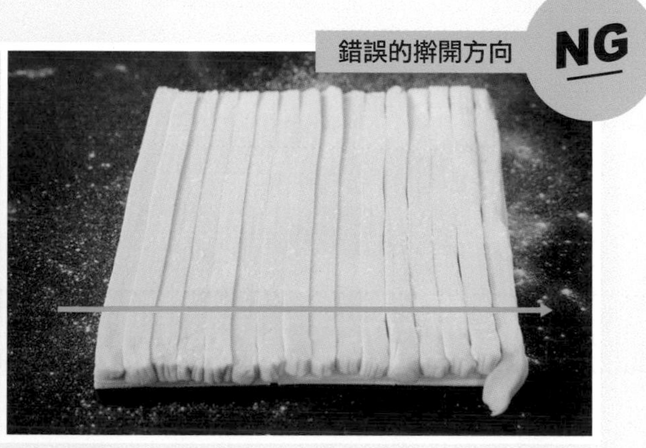

1　擀麵棍順著紋路擀開，注意紋路與擀壓方向要一致。

2　擀麵棍與紋路呈現 90 度，方向錯誤會破壞層次，烤出來就不美了。

正摺法
千層麵團
Pâte Feuilletée

Step 1. 麵團作法

Step 2. 裹油作法

Step 3. 選擇摺數

27 摺

27 摺是三摺三次的摺疊法，口感酥脆、外觀層次展開分明，成品優雅漂亮。

768 摺

768 摺是四摺四次再加一個三摺的摺疊法，外觀層次密集，口感偏鬆酥、化口性佳。

材料

麵團	公克
低筋麵粉	500
鹽（或鹽粉）	10
無鹽奶油	80
冷水（4 ~ 6°C）	250

裹油	公克
裹入用奶油	300

TIPS! 配方水一定要用冰水，不然麵團會很軟爛，像麻糬一樣。

常溫千層

▶ 餅乾千層

▶ 經典常溫千層

2-4

肉桂捲心酥

Mille-feuille à la cannelle

難易度 ☆☆☆☆★

焦糖醬

材料		公克
A	葡萄糖漿	347
	細砂糖	347
B	動物性鮮奶油	525
	無鹽奶油	193
	鹽	5

肉桂焦糖醬

材料	公克
焦糖醬	200
黑糖粉	100
肉桂粉（日本 gaban 肉桂粉 15g、越南清華肉桂粉 10g 調和混勻）	25

焦糖醬作法

1 厚底鍋加入材料 A，中大火加熱。

2 邊拌（刮過缸底）邊煮成深焦糖色。

3 轉小火加入材料 B，橡皮刮刀慢慢拌勻。

4 拌勻至看不到奶油塊與鮮奶油，食材完全融合。

5 拌勻至這個程度即可。用均質機均質讓質地更細膩移至一旁冷卻備用。

6 用均值機最佳。沒有均質機可以用打蛋器，只是食材質地不會那麼滑順。

TIPS/ 多的焦糖醬可以用保鮮膜貼面冷藏備用，至多存放 2 週。

肉桂焦糖醬作法

1 焦糖醬加熱至 26°C（常溫），加入過篩黑糖粉、過篩肉桂粉，以槳狀攪拌均勻即可。

2 可預先裝入擠花袋，等待需使用時，提前 1 小時從冷藏取出退冰即可。

TIPS/ 對初學者來說，葡萄糖漿是一個最好上手的東西，單純使用細砂糖雖然也可以，但動作要很快，對顏色、狀態都要拿捏得很好，否則容易煮過頭變超苦。配方中加入葡萄糖漿，雖然糖融化了，但葡萄糖中還有水分，可以讓焦化的速度慢一點，對新手來說比較友善。

使用麵團	是否打洞	使用模具
▼	▼	▼
正摺法千層麵團（27 摺）	表皮不打洞	SN3218（圓框模具直徑 8 公分）

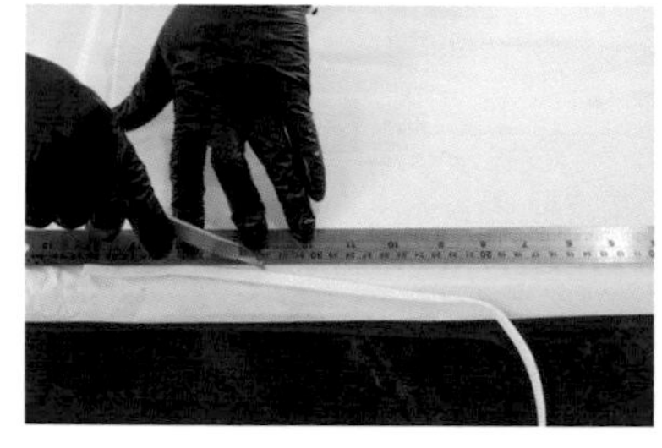

1 取出冷藏完的皮，擀壓至 0.2 公分厚（本產品所需厚度），裁切成長 40 × 寬 30 公分矩形派皮，冷藏鬆弛 5 分鐘。

2 再次修邊（烤出來會比較好看），每 2.5 公分做一個記號。

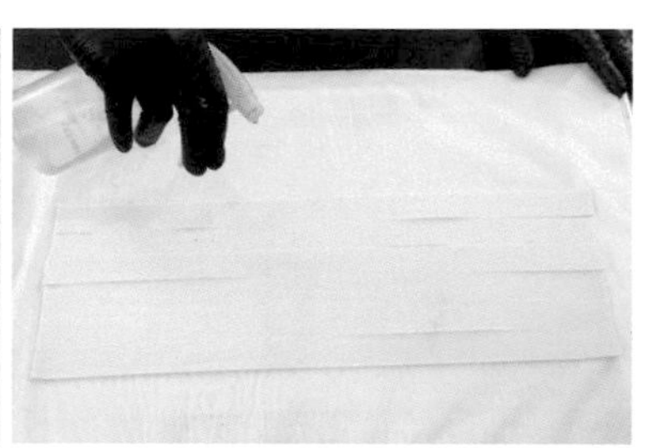

3 切斷成寬度 2.5 公分長片，表面噴水。

4 整片千層皮撒滿混勻的肉桂糖粉。

TIPS/ 肉桂糖粉將 100g 細砂糖、5g 肉桂粉混勻即可。

5 由右至左捲起；不沾烤盤鋪上矽膠孔洞烤焙墊，間距相等放上圓模，放入捲好的麵團。

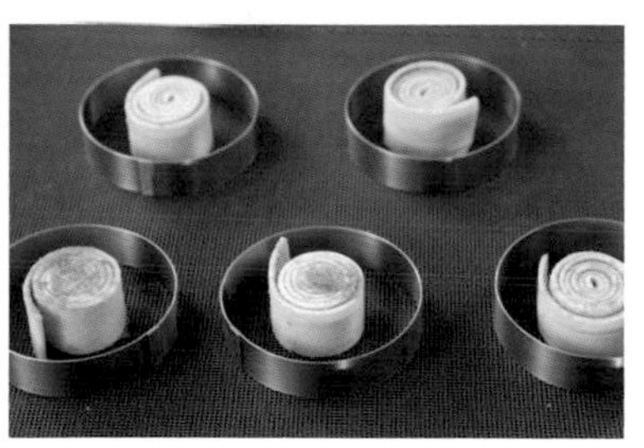

6 旋風烤箱設定上下火 175°C，烘烤約 30 ~ 35 分鐘烤至千層上緣裂口上色。

7 雙手戴上手套脫模，可以抹上 **30 度波美糖水**（P.25）再次回烤，賣相較佳（此步驟可抹可不抹）。

8 食用前在表面淋上少許**肉桂焦糖醬**，篩適量**防潮糖粉**。

TIPS/ 肉桂焦糖醬使用前可微波至稍具流性，賣相更佳～

2-5

巧克力捲心酥
Mille-feuille au chocolat

難易度 ☆☆☆☆★

巧克力甘納許

材料	公克
動物性鮮奶油	178
葡萄糖漿	22
70% 黑巧克力	211
無鹽奶油	30

作法

1 厚底鍋加入動物性鮮奶油、葡萄糖漿，中大火加熱至 85°C（或小沸騰）。

2 沖入 70% 黑巧克力中靜置 30 秒，讓溫度浸透巧克力中心，以均質機均質。用均質機最佳，沒有均質機可以用打蛋器，只是食材質地不會那麼滑順，過多空氣也會影響保存期限。

3 均質至質地細膩滑順，待溫度降到 38°C 時。

4 丟入無鹽奶油塊，靜置 1 分鐘後再次均質。

TIPS! 完成後以保鮮膜貼面覆蓋甘納許，在室溫（18~26°C）的環境下存放，等待隔日使用。可以放在巧克力櫃，或冷藏保存，建議一週內使用完畢。

MICHEL
CLUIZEL

使用麵團	是否打洞	使用模具
▼	▼	▼
正摺法千層麵團（27 摺）	表皮不打洞	SN3218 （圓框模具直徑 8 公分）

組合作法

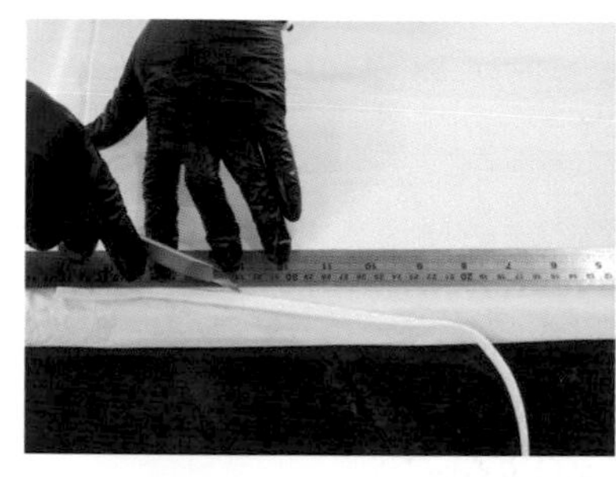

1 取出冷藏完的皮，擀壓至 0.2 公分厚（本產品所需厚度），裁切成長 40×寬 30 公分矩形派皮，冷藏鬆弛 5 分鐘。

2 再次修邊（烤出來會比較好看），每 2.5 公分做一個記號。

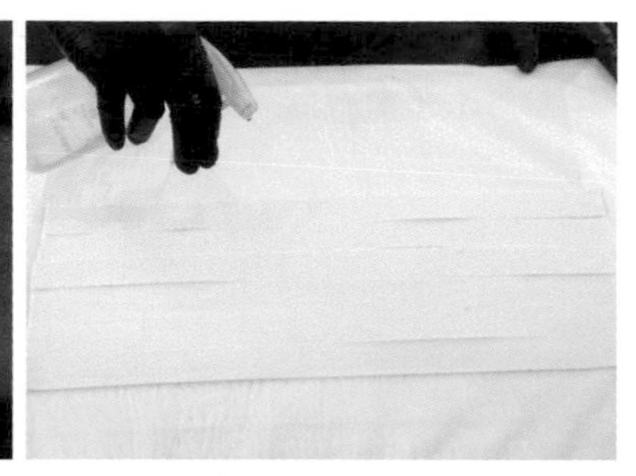

3 切斷成寬度 2.5 公分長片，表面噴水。

4 整片千層皮撒滿混勻的可可糖粉。

TIPS! 可可糖粉將 100g 細砂糖、5g 可可粉混勻即可。

5 由右至左捲起；不沾烤盤鋪上矽膠孔洞烤焙墊，間距相等放上圓模，放入捲好的麵團。

6 旋風烤箱設定上下火 175°C，烘烤約 30 ~ 35 分鐘烤至千層上緣裂口上色。

7 雙手戴上手套脫模，可以抹上 **30 度波美糖水**（P.25）再次回烤，賣相較佳（此步驟可抹可不抹）。

8 食用前在表面淋上適量**巧克力甘納許**，篩適量**防潮可可粉**。

TIPS! 巧克力甘納許使用前可微波至稍具流性，賣相更佳～

2-6

邊境青蘋果千層

Pâte feuilletée aux pommes

難易度 ☆☆☆★★

每當提到青蘋果千層，總有人問「為什麼一定是青蘋果，而不是紅蘋果呢？」主要原因是青蘋果的含水量與果酸風味剛剛好適合烘烤後的千層派風味，我們曾經也試過其他品種的蘋果，結果都不理想，最終還是堅持使用青蘋果作為主要搭配。

使用麵團	是否打洞	使用模具
正摺法千層麵團（768 摺）	表皮要打洞	無

作法

1 取出冷藏完的皮，擀壓至 0.3 公分厚（本產品所需厚度），放入冷凍冰鎮約 5 分鐘。

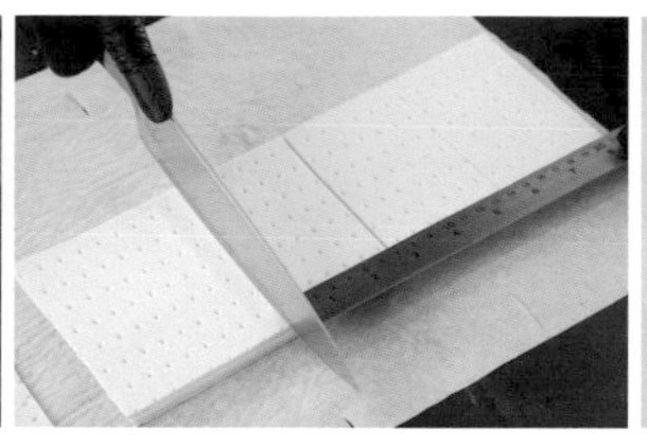

2 裁成 11 公分長方條疊一起，再裁成寬度 7 公分的矩形方片，一張一張放上鋪上烤焙紙的不沾烤盤。

3 再裁切長 11 × 寬 1.5 公分的長條（做軌道），取兩條擺上矩形方片，交疊處刷水。

4 表面刷一層薄薄**蛋黃液**。

5 **青蘋果**去核、削皮。

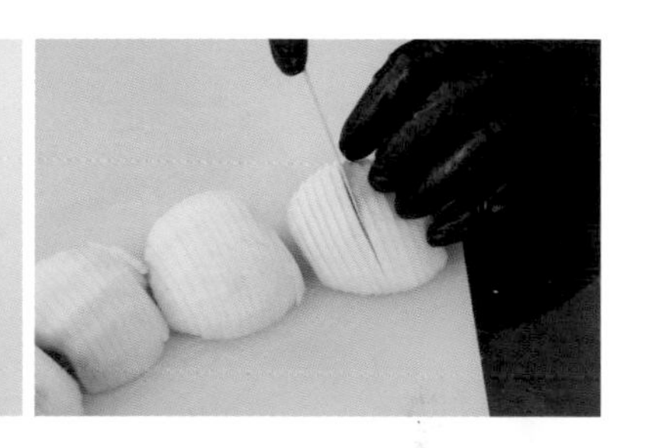

6 片成寬度約 1 毫米薄片。

7 略微傾斜後放在千層酥皮上正中央的位置，表面撒**細砂糖**。

8 再擺一小條**無鹽奶油**。

9 旋風烤箱設定 190°C，烘烤約 20 ~ 24 分鐘直至理想上色。

10 出爐放涼後，在表面刷上透明無味的**鏡面果膠**，篩**防潮糖粉**，完成。

2-7

Pâte feuilletée aux poires aux amandes

難易度 ☆☆☆★★

使用麵團	是否打洞	使用模具
▼	▼	▼
正摺法千層麵團（768 摺）	表皮要打洞	無

作法

1 取出冷藏完的皮，擀壓至 0.3 公分厚（本產品所需厚度），放入冷凍冰鎮約 5 分鐘。

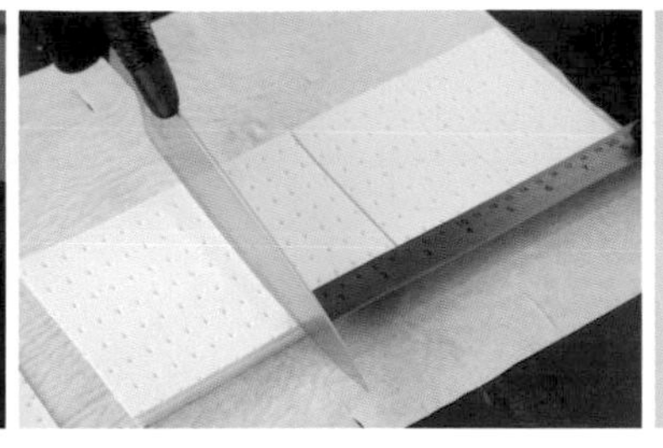

2 裁成 11 公分長方條疊一起，再裁成寬度 7 公分的矩形方片，一張一張放上鋪上烤焙紙的不沾烤盤。

3 再裁切長 11 × 寬 1.5 公分的長條（做軌道），取兩條擺上矩形方片，交疊處刷水。

4 表面刷一層薄薄**蛋黃液**。

5 **洋梨**去核、削皮。

6 片成寬度約 1 毫米薄片。

7 略微傾斜後放在千層酥皮上正中央的位置，擠**卡士達杏仁餡**（P.179 ~ 180）。

8 表面撒適量**細砂糖**。

9 旋風烤箱設定 180°C，烘烤約 20 ~ 24 分鐘直至理想上色。

10 出爐放涼後，在表面刷上透明無味的**鏡面果膠**，再撒上**烤過的杏仁片**、篩**防潮糖粉**，完成。

水蜜桃千層

Pâte feuilletée aux pêches

難易度 ☆☆☆★★

使用麵團	是否打洞	使用模具
正摺法千層麵團（768 摺）	表皮要打洞	無

作法

1 取出冷藏完的皮，擀壓至 0.3 公分厚（本產品所需厚度），放入冷凍冰鎮約 5 分鐘。

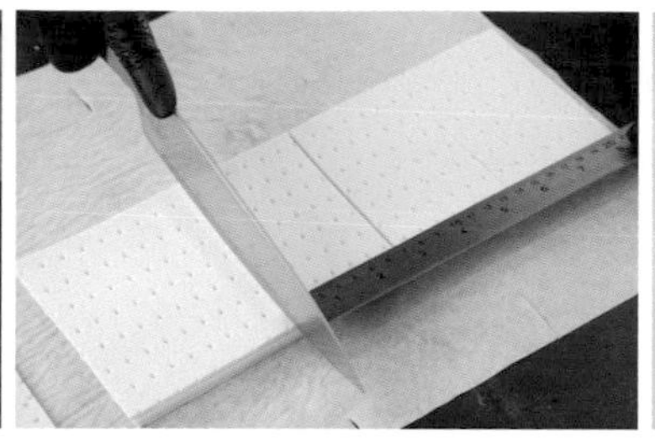

2 裁成 11 公分長方條疊一起，再裁成寬度 7 公分的矩形方片，一張一張放上鋪上烤焙紙的不沾烤盤。

3 再裁切長 11 × 寬 1.5 公分的長條（做軌道），取兩條擺上矩形方片，交疊處刷水。

4 表面刷一層薄薄**蛋黃液**。

5 **糖漬水蜜桃**稍微瀝乾，片成寬度約 2 毫米薄片。

6 擠上適量的**香草卡士達醬**（P.125）作為接著。

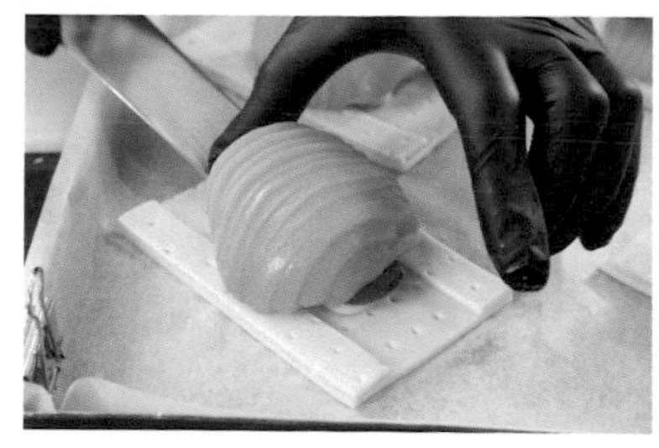

7 糖漬水蜜桃片略微傾斜放在千層皮上正中央的位置。

8 表面撒適量**細砂糖**。

9 旋風烤箱設定 190°C，烘烤約 20 ~ 24 分鐘直至理想上色。

10 出爐放涼後，在表面刷上透明無味的**鏡面果膠**，再撒上 **6 號珍珠糖**、篩**防潮糖粉**，完成。

2-9

蘋果修頌
Chausson aux pommes

難易度 ☆☆☆★★

焦糖奶油蘋果餡

材料	公克
「加拉 Gala 品種」蘋果（切丁） 若沒有加拉蘋果，也可以選用富士蘋果	400
細砂糖	200
無鹽奶油	50
香草醬	5

作法

1 鍋子加入 1/4 細砂糖，大火微微煮融。

2 下 1/4 細砂糖微微煮融，可以搭配刮刀把食材刮均勻，平均加熱。

3 下 1/4 細砂糖微微煮融。刮的時候注意不要頻繁翻拌，把沒融化的糖刮到受熱比較好的區域即可。

2-10

檸檬修頌

Chausson au citron

難易度 ☆☆☆★★

檸檬修頌餡

材料	公克
香草卡士達醬（P.125）	100
檸檬利口酒	10
糖漬橘皮丁	50
黃檸檬皮絲	2

作法

1 先把冷藏的香草卡士達醬打軟，打軟的用意是讓它化口性更好。

2 冷藏的卡士達醬食材凝結吃起來會有顆粒感，要把它打勻讓其質地均一。

3 加入檸檬利口酒拌勻，加入糖漬橘皮丁拌勻。

4 加入黃檸檬皮絲拌勻。

5 冷凍保存可存放 1 ~ 2 個月，使用前一日再移到冷藏退冰即可以使用。

6 裝入擠花袋中，烤盤鋪上烤焙紙，擠上 50g 完成的檸檬修頌餡，冷凍定型。

增色蛋液	公克
蛋黃	90
鮮奶油	8
蘭姆酒	5
紅色色膏 / 咖啡醬	適量

TIPS!

❶ 將所有材料以手持式均質機均質，完成。
❷ 使用完後以保鮮膜貼面，冷藏保存約 5 日。

2-11

那不勒斯修頌
Chausson napolitain

難易度 ☆☆☆★★

那不勒斯修頌餡
appareil pour chausson napolitain

材料	公克
香草卡士達醬（P.125）	200
脆皮泡芙麵糊（P.168 ～ 169）	100
杏桃果乾（或水果乾）	25
蘭姆酒	1.5

TIPS!
前一天先將杏桃果乾與蘭姆酒浸泡在一起，保鮮膜貼面封起，室溫保存。

作法

1 攪拌缸倒入冷藏的香草卡士達醬。

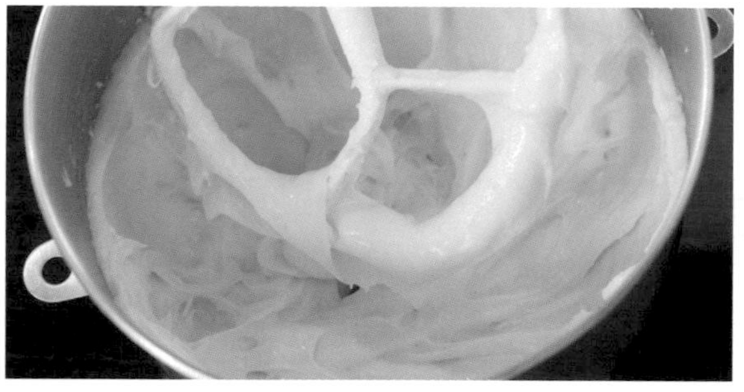

2 用槳狀攪拌器打軟。

3 秤入配方量的脆皮泡芙麵糊。

4 加入杏桃果乾（盡可能把蘭姆酒瀝乾）。

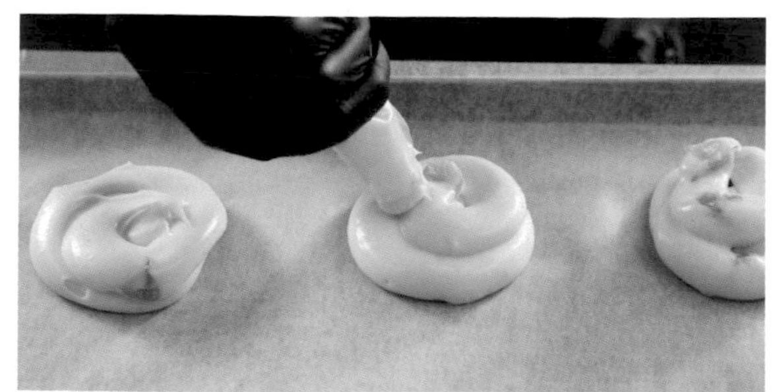

5 裝入擠花袋中，烤盤鋪上烤焙紙，擠上50g 完成的那不勒斯修頌餡，冷凍一晚。

TIPS!
把香草卡士達醬打軟，使其化口性更好。剛冷藏出來的卡士達醬食材凝結，吃起來會有顆粒感，要把它打散打勻讓其質地均一。

葡式蛋塔
pastel de belém

難易度 ☆☆☆★★

葡式蛋塔餡
appareil de pastel de belém

材料	公克
全蛋	40
蛋黃	80
細砂糖	80
動物性鮮奶油	300
鮮奶	150
香草醬	3

作法

1 容器加入全蛋、蛋黃、細砂糖。

2 以打蛋器快速拌勻。

3 有柄厚底鍋加入動物性鮮奶油、鮮奶、香草醬。

4 加熱至小沸騰約 85°C。

5 慢慢沖入作法 2。

6 邊加入邊拌勻。

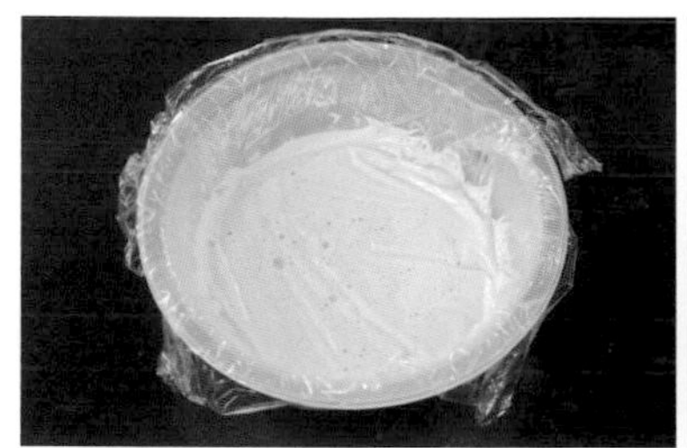

7 表面貼上保鮮膜，冷藏保存備用。

8 使用前拌勻，讓材料質地均一。

9 倒入分裝器中。

TIPS! 冷藏存放最多 3 日，不可冷凍保存。

使用麵團	**是否打洞**	**使用模具**
▼	▼	▼
正摺法千層麵團（27 摺）	表皮不打洞	圓形模具 SN3850 錫箔模（4 公分）

10 取出冷藏完的皮，擀壓至 0.2 公分厚，冷凍冰鎮約 5 分鐘。

11 裁成長 40 × 寬 30 公分。

12 整片噴上適量清水。

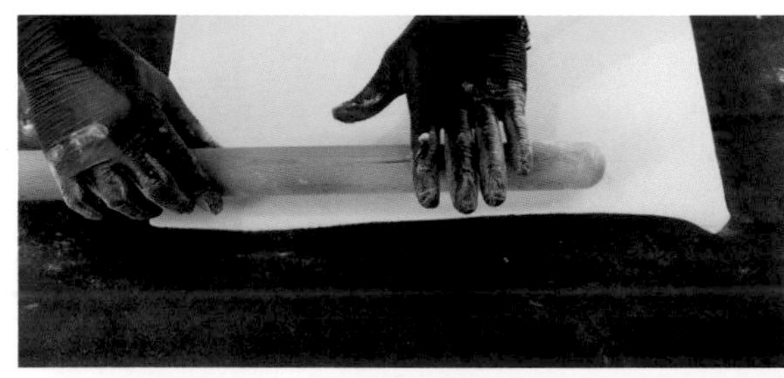

13 取 40 公分一側稍微擀開。

14 從另一側由後朝前推捲。

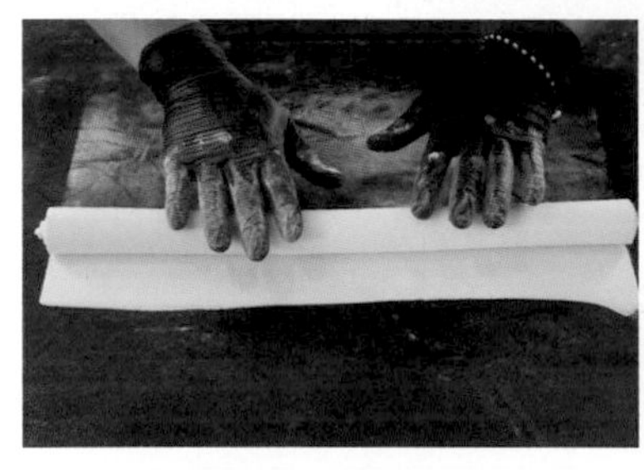

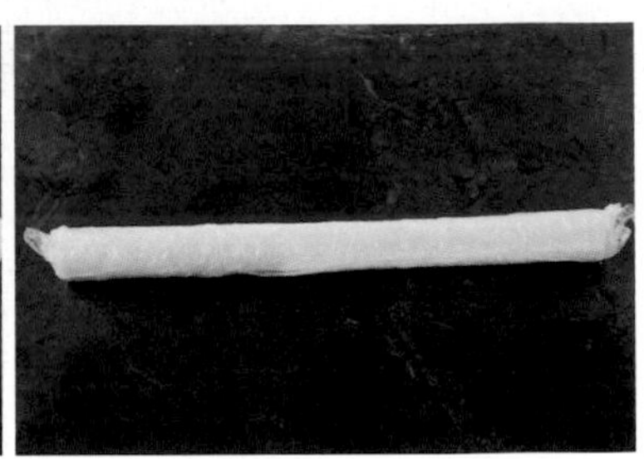

15 緊密捲起千層派皮。

16 接口處朝底部放置。

17 用保鮮膜包覆冷藏鬆弛 30 分鐘。

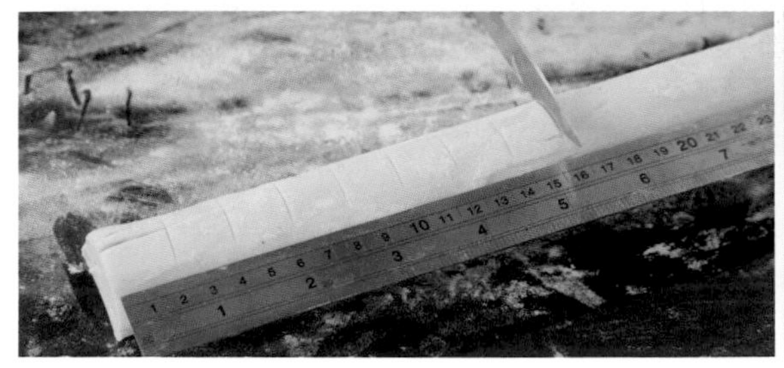

18 用尺量寬度 2 公分，每段做標記。

19 分切 2 公分。

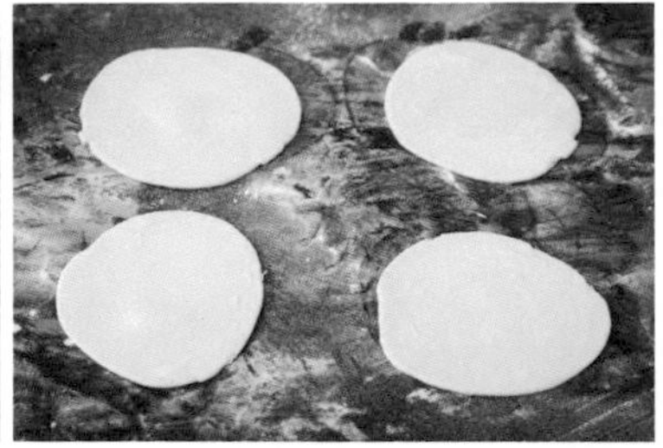

20 切口面朝上，以擀麵棍擀壓成 0.2 公分的圓片狀。

21 用模具壓出圓形。

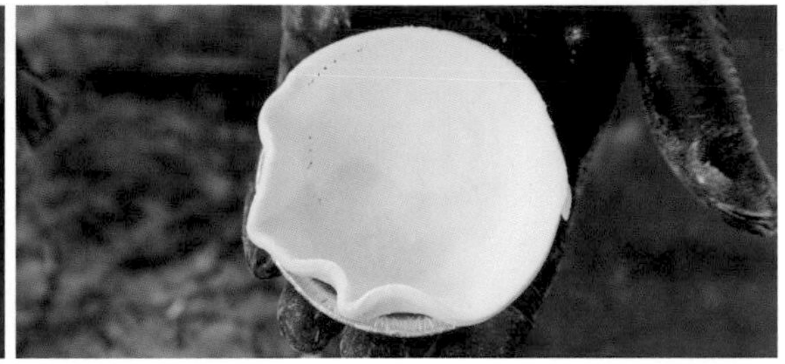

22 錫箔模噴適量**烤盤油（或抹軟化無鹽奶油）**。

23 放入圓形麵皮。

24 以手指輕壓貼平，注意邊緣需高出模具一點點（因烘烤會縮），冷凍鬆弛 30 分鐘。

25 把冷藏的葡式蛋塔餡稍微拌勻，倒入分裝器或量杯中。

26 錫鋁模每模分裝 18g，約八到九分滿。

27 炫風烤箱設定 180°C，烘烤約 20 ~ 25 分鐘。烤至千層外皮膨脹處上色。

28 出爐後立即在表面刷上薄薄的 **30 度波美糖水**（P.25），再次烘烤 2 分鐘，出爐放涼完成~

香草芙朗
Flan à la vanille

難易度 ☆☆☆★★

使用麵團	是否打洞	使用模具
正摺法千層麵團（27 摺） 焦糖化千層酥皮	表皮不打洞	外圈模 SN3480 內圈模 SN3476

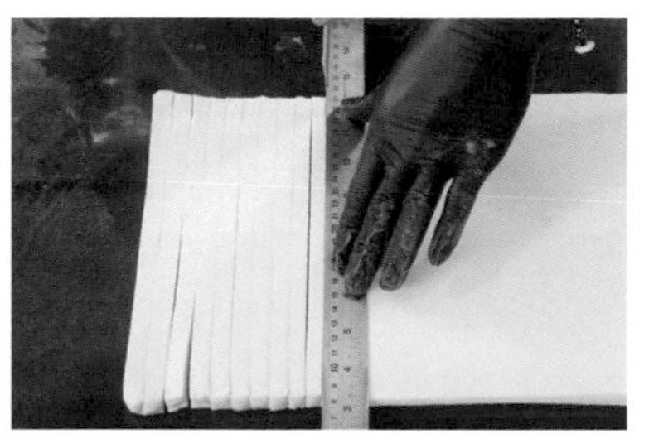

1 取出冷藏完的皮，擀壓至 1 公分厚（本產品所需厚度），放入冷凍冰鎮約 5 分鐘。

2 四邊修邊，修成平整長方形片。將麵皮一分為二，其中一半用尺量 1 公分寬，標註記號。

3 切成一條一條的長條狀。

4 取長條千層紋路面，貼到另一片麵皮上。

5 一條一條放上另一部分麵皮，用擀麵棍稍微壓一下讓其密合；排的時候盡可能緊密排列，排太鬆，烘烤後該處會有較大的縫隙。

6 完成如上圖。接著表面撒適量高筋麵粉（手粉），防止沾黏。

7 擀麵棍順著紋路擀開（注意紋路與擀壓方向要一致，若方向錯誤會破壞層次，烤出來就不美了）。

8 擀壓成厚度 0.25 公分，冷藏鬆弛 30 分鐘。

2-14

巧克力芙朗

Flan au chocolat noir

難易度 ☆☆☆★★

使用麵團	是否打洞	使用模具
正摺法千層麵團（27 摺） 焦糖化千層酥皮	表皮不打洞	外圈模 SN3480 內圈模 SN3476

1 取出冷藏完的皮，擀壓至 1 公分厚（本產品所需厚度），放入冷凍冰鎮約 5 分鐘。

2 四邊修邊，修成平整長方形片。將麵皮一分為二，其中一半用尺量 1 公分寬，標註記號。

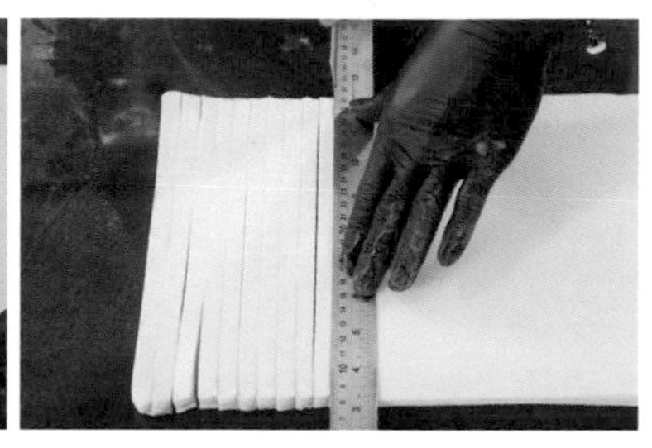

3 切成一條一條的長條狀。

4 取長條千層紋路面，貼到另一片麵皮上。

5 一條一條放上另一部分麵皮，用擀麵棍稍微壓一下讓其密合；排的時候盡可能緊密排列，排太鬆，烘烤後該處會有較大的縫隙。

6 完成如上圖。接著表面撒適量高筋麵粉（手粉），防止沾黏。

7 擀麵棍順著紋路擀開（注意紋路與擀壓方向要一致，若方向錯誤會破壞層次，烤出來就不美了）。

8 擀壓成厚度 0.25 公分，冷藏鬆弛 30 分鐘。

反轉蘋果塔
Tarte tatin

#難易度 ☆☆☆★★

焦糖蘋果
pommes caramélisées

材料		公克
A	「加拉 Gala 品種」蘋果（切丁）若沒有加拉蘋果，也可以選用富士蘋果	560
	細砂糖（A）	280
B	NH 果膠粉	5
	細砂糖（B）	45
	此為材料 C	10

作法

1 鍋子加入 1/4 細砂糖（A），大火微微煮融。

2 下 1/4 細砂糖（A）微微煮融，可以搭配刮刀把食材刮均勻，平均加熱。

3 再下 1/4 細砂糖微微煮融。注意不要頻繁翻拌，把沒融化的糖刮到受熱比較好的區域即可。

4 下剩餘細砂糖煮融，煮成微深焦糖色再關火。

5 混合蘋果的焦糖需要煮深一點讓口感微苦，煮得太淺搭配蘋果會太甜。

6 接下來分 4 ~ 5 次逐次加入蘋果丁。

7 切記勿加太快。

8 蘋果受熱會出水，分次加入讓焦糖慢慢冷卻結塊。

9 中火燉煮把蘋果水分慢慢蒸發。

冷藏千層

▸ 巡禮邊境十年經典的不敗商品

Frontière française
Frontière française
Frontière française
Frontière française
Frontière française

開心果草莓大千層
Millefeuille à la pistache aux fraises

難易度 ☆☆★★★

開心果香緹

材料	公克
動物性鮮奶油	245
馬茲卡彭	82
100% 開心果醬	30
細砂糖	48

作法

1. 乾淨攪拌缸倒入動物性鮮奶油。
2. 加入馬茲卡彭、100% 開心果醬、細砂糖。
3. 以球狀打蛋器均勻混合，打至 10 分發。
4. 打發後需立即使用，冷藏 30 分鐘內使用完，不可冷凍保存。

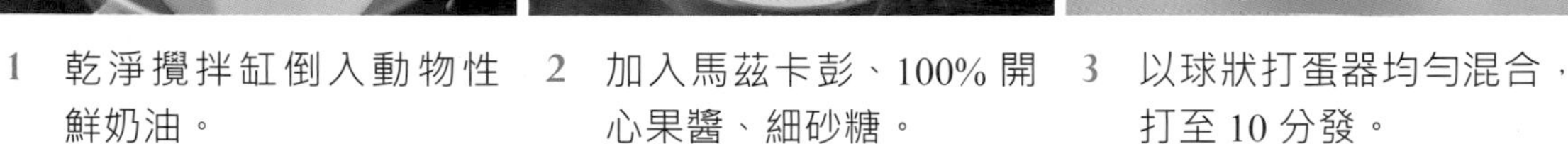

覆盆子庫利

材料	公克
覆盆子果泥	100
30 度波美糖水（P.25）	70
葡萄糖漿	30
透明無味鏡面果膠	180

1. 覆盆子果泥、30 度波美糖水、葡萄糖漿 一同煮至 85°C。
2. 下透明無味鏡面果膠，以均質機均質完成。
3. 用保鮮膜貼面，冷藏一晚即可使用。

TIPS/ 冷藏保存約 4 週，也可冷凍保存兩個月。

杏仁達克瓦茲

材料	公克
蛋白	187
細砂糖	187
杏仁粉	187

作法

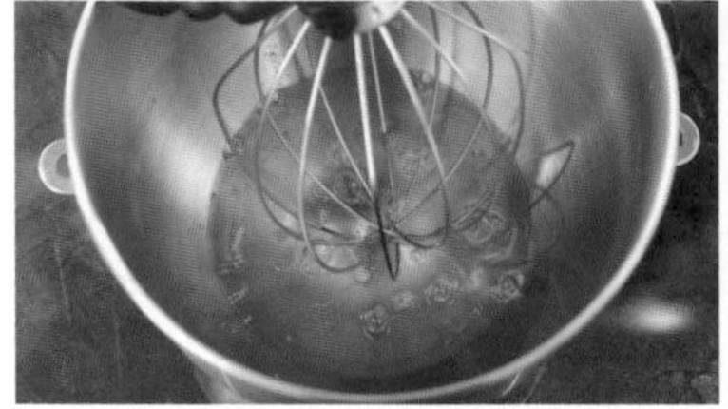

1 攪拌缸加入蛋白，以球形攪拌器打發。

2 打發至蛋白轉白出現粗泡泡時。

3 下第一次細砂糖（共分三次下）。

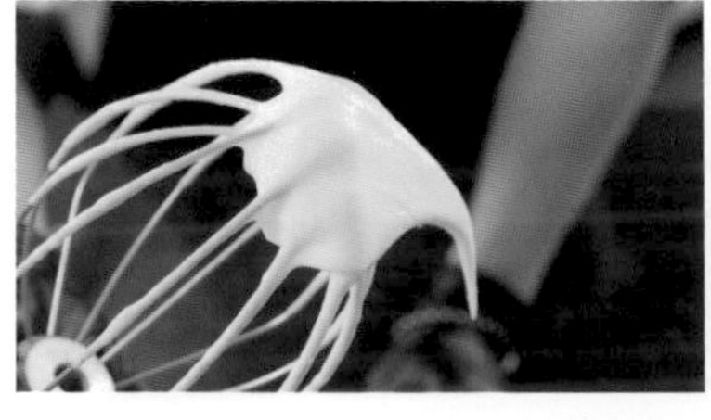

4 轉中速打至約 5 ~ 6 分發，呈濕性發泡狀態。

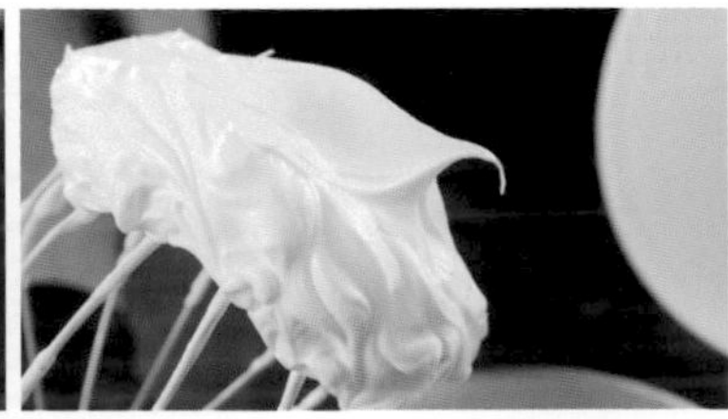

5 下第二次細砂糖，攪打至乾性發泡。

6 下第三次細砂糖，攪打至十分發，且表面有一個霧面的質感。

7 下過篩杏仁粉，用刮刀切拌翻拌均勻，勿攪拌過度。

8 倒入鋪上烤焙紙的烤盤上，用抹刀抹平半盤。

9 表面篩上一層厚厚的**純糖粉**。

10 旋風烤箱設定 170°C，烘烤 14 分鐘。

TIPS/ 出爐冷卻後撕下烤紙，可以立即使用。冷凍可以保存 1 個月，必須包覆保鮮膜。

使用麵團	是否打洞	使用模具
正摺法千層麵團（768 摺） 焦糖化千層酥皮	表皮不打洞	圓形花嘴（直徑約 1 公分） 水滴型花嘴

1 壓延至厚度約 0.25 ~ 0.3 公分，烘烤成焦糖化千層酥皮。裁切兩片長 14×寬 7 公分片狀矩形，放上蛋糕底板，擠**覆盆子庫利**。

2 **杏仁達克瓦茲蛋糕**裁切長 11× 寬 4 公分，放在有擠覆盆子庫利的位置。

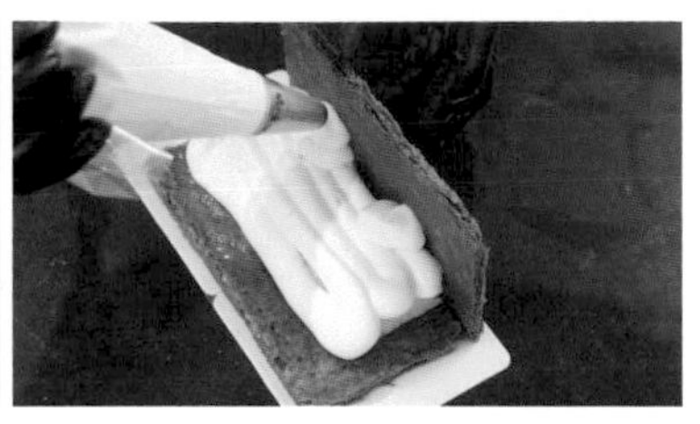

3 擠花袋套上圓形花嘴，裝入**香草外交官餡**（P.126），平擠一層；側面鋪一片焦糖千層，再擠一層奶餡。

4 鋪適量洗淨擦乾的**新鮮草莓瓣**。

5 擠花袋套上水滴型花嘴，裝入**開心果香緹**，對稱地擠出造型。

6 撒適量**開心果碎**。

7 放上一顆**新鮮草莓瓣**。

8 放一條**巧克力條**。

9 點綴**金箔**，完成~

甜蜜小訣竅

在千層派皮上的餡料與草莓皆含水量十足，因此冷藏保存效期僅只有 1 天，盡量在一天之內享用完。新鮮水果不適合冷凍保存，因此不建議冷凍保存。

覆盆子香草千層

Millefeuille à la framboise, à la crème diplomat

難易度 ☆☆★★★

香草卡士達醬

材料		公克
A	鮮奶	500
	香草醬	1
B	蛋黃	120
	細砂糖	120
C	玉米粉	50
D	無鹽奶油（切塊）	50

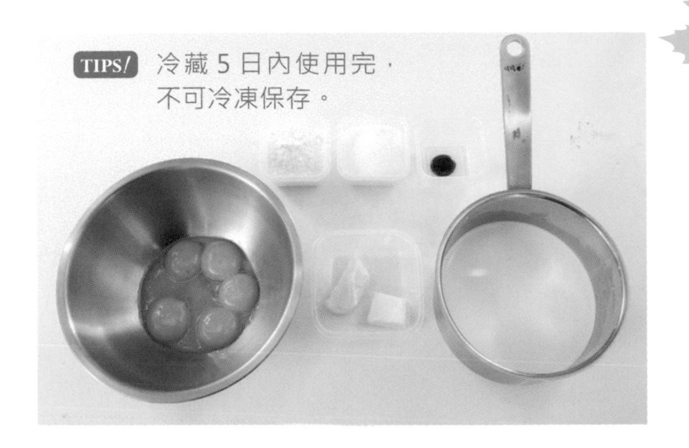
TIPS! 冷藏 5 日內使用完，不可冷凍保存。

作法

1 材料 A 中火邊拌勻邊煮沸，刮刀需刮過缸底，避免鍋底結皮燒焦。

2 蛋黃、細砂糖以打蛋器均勻混合，再加入過篩玉米粉拌勻。

3 當作法 1 沸騰時，先沖 1/3 到作法 2 中，邊倒入邊以打蛋器攪拌。

4 把拌勻的作法 3 再倒回厚底鍋中，開中小火加熱，過程中不停以打蛋器攪拌，避免鍋底燒焦。

5 麵糊出現糊化現象也要繼續攪拌，繼續煮到麵糊流性增強光滑發亮，關火停止加熱。

6 此時加入切塊奶油用餘溫拌勻，奶油強化醬料的乳香風味，使口感更滑順一些。

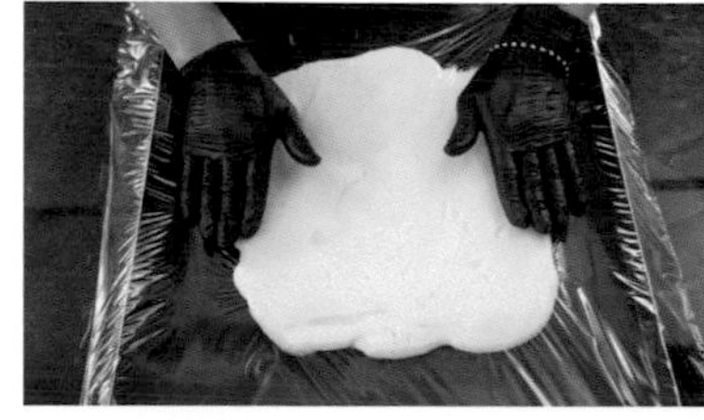

7 將香草卡士達醬倒在不沾烤盤上，卡士達會迅速收縮，表面形成一層類似麵皮的東西，此時速度要快，把麵糊用刮刀快速攤開，保鮮膜貼面冷藏保存（不可冷凍），直至整體冷卻。

8 從冰箱取出，用槳狀攪拌器打軟，放入容器，用保鮮膜貼面備用。

香草外交官餡

材料	公克
香草卡士達醬（P.125）	200
干邑橙酒	20
鮮奶油香緹（**動物性鮮奶油 10：細砂糖 1**）	400

TIPS!

本產品建議使用動物性鮮奶油 300g、細砂糖 30g。

作法

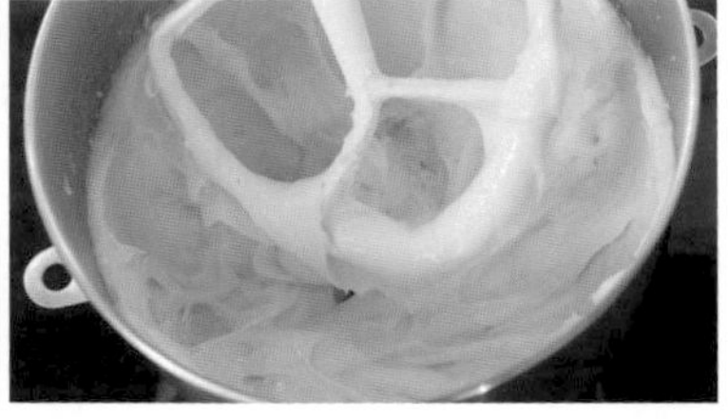

1 從冰箱取出冷藏的香草卡士達醬，使用前先用槳狀攪拌器打軟，處理成上圖質地。

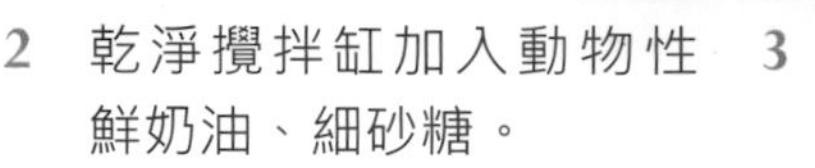

2 乾淨攪拌缸加入動物性鮮奶油、細砂糖。

3 中速攪拌至九分發，如上圖質地（此為鮮奶油香緹）。

4 乾淨鋼盆加入打軟的香草卡士達醬、干邑橙酒。

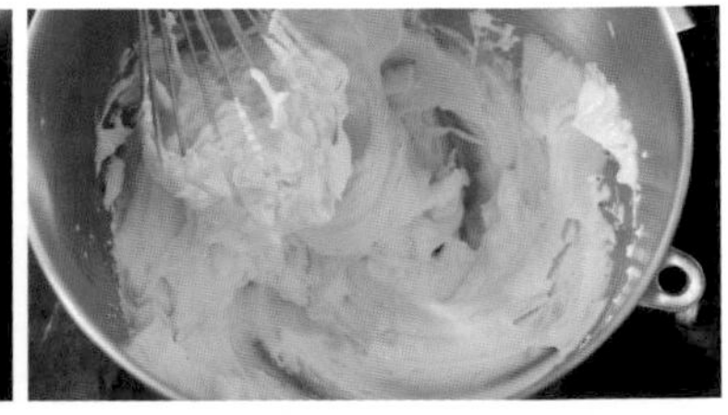

5 以打蛋器拌勻。

6 倒入作法 3 九分發的鮮奶油香緹中。

7 用球狀攪拌器中速拌至均勻即可，儘量保持質地蓬鬆。

甜蜜小訣竅

☑ 完成外交官奶餡須盡快用完，放越久奶醬就會越柔軟。

☑ 盛裝在千層派皮內的外交官奶餡含水量十足，因此冷藏保存效期僅有一天，盡量在一天之內享用完，冷凍保存要存放在密封容器中，可存放 2 ~ 3 日，之後焦糖千層將變得不酥脆。

使用麵團	是否打洞	使用模具
▼	▼	▼
正摺法千層麵團（768 摺） 焦糖化千層酥皮	表皮不打洞	ㄩ字型模具 （長 17×寬 3×高 4 公分） 花嘴 SN7067

組合作法

1 壓延至厚度約 0.25 ~ 0.3 公分，烘烤成焦糖化千層酥皮，裁切長 13× 寬 2.7 公分矩形片。

2 根據模具高度裁切玻璃紙，鋪入ㄩ字型模中。

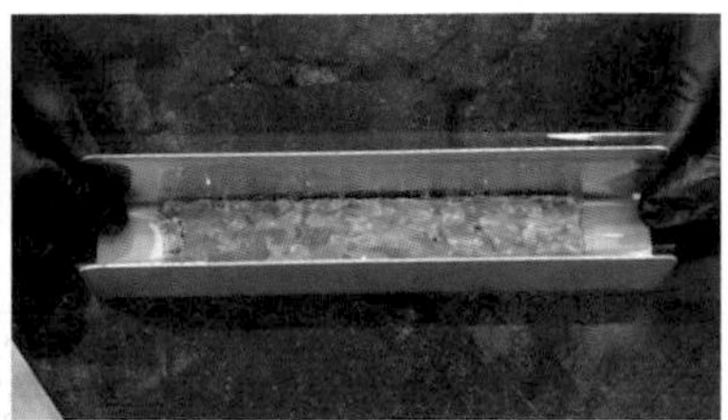

3 鋪入焦糖千層。

4 擠上兩列**香草外交官餡**（花嘴 SN7067）。

5 撒上**冷凍覆盆子碎粒**。

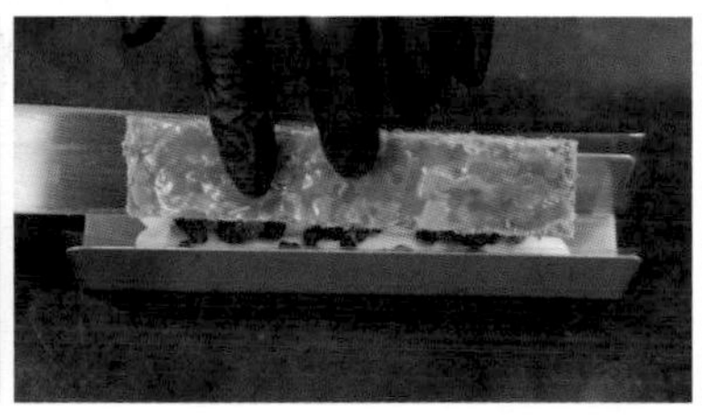

6 放上另外一片焦糖千層。

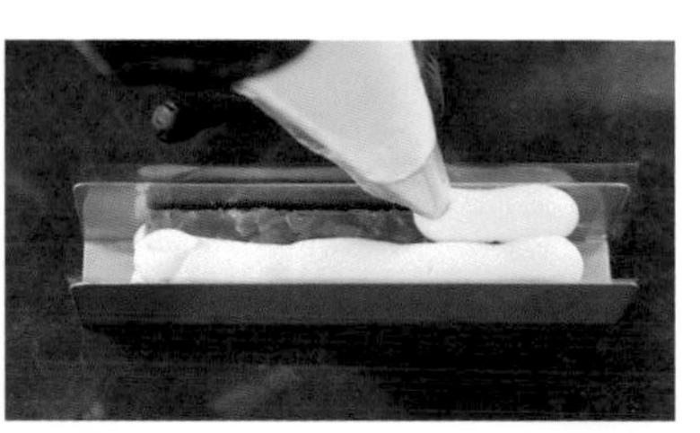

7 擠入兩列**香草外交官餡**。

8 撒上**冷凍覆盆子碎粒**。

9 鋪一片焦糖千層，擠**香草外交官餡**。

10 冷凍 15 分鐘，等待餡料變硬定型，篩**防潮糖粉**。

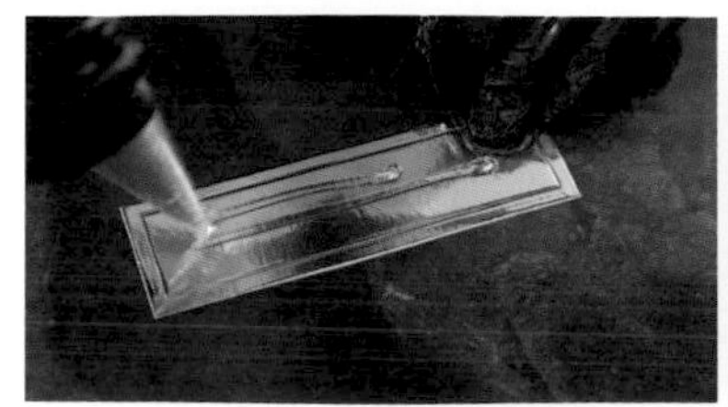

11 蛋糕底卡擠適量**果膠**。

12 拖曳玻璃紙，把蛋糕移動到蛋糕底卡上。

13 放上 LOGO 卡裝飾完成～

3-4

濃久夢里花生豆乳香緹千層

Millefeuille au lait de soja, à la cacahuète

難易度 ☆☆★★★

使用麵團	是否打洞	使用模具
正摺法千層麵團（768 摺） 焦糖化千層酥皮	表皮不打洞	ㄩ字型模具 （長 17×寬 3×高 4 公分） 花嘴 SN7067

花生 TPT

材料	公克
花生角	200
糖粉	200

1 花生角用桌上型調理機打碎至粗顆粒狀。

2 分三次下糖粉攪打，每次加入都可以將花生研磨的更細碎。加完最後一次糖粉，不要研磨太久會導致花生出油，以篩網過篩即可使用。

TIPS/ 裝入盒子中，紅酒櫃或者冷藏保存。

豆乳花生香緹

材料	公克
濃久夢里大豆鮮奶油	245
馬茲卡彭	82
100%「美好」無糖花生醬	30
細砂糖	36

1 所有材料一起放入攪拌缸，以球狀攪拌器均勻混合後打至 10 分發。

2 打完立即使用，冷藏 30 分鐘內使用完，不可冷凍保存。

作法

1 組合：千層皮壓延至厚度約 0.25 ~ 0.3 公分，烘烤成焦糖化千層酥皮，裁切長 13×寬 2.7 公分矩形片。

2 根據模具高度裁切玻璃紙，鋪入ㄩ字型模；將切割好的焦糖千層派鋪在模子底部，擠上兩列**豆乳花生香緹**，擠一條 **50% 花生醬**（P.141），放上另外一片焦糖千層。（圖 1 ~ 3）

3 擠上兩列**豆乳花生香緹**，擠一條 **50% 花生醬**，放上一片焦糖千層。

4 取一側擠一顆**豆乳花生香緹**，冷凍 15 分鐘，等待餡料變硬定型。

5 從冷凍取出，另一側篩**花生 TPT**，插上 LOGO 字卡完成。

1

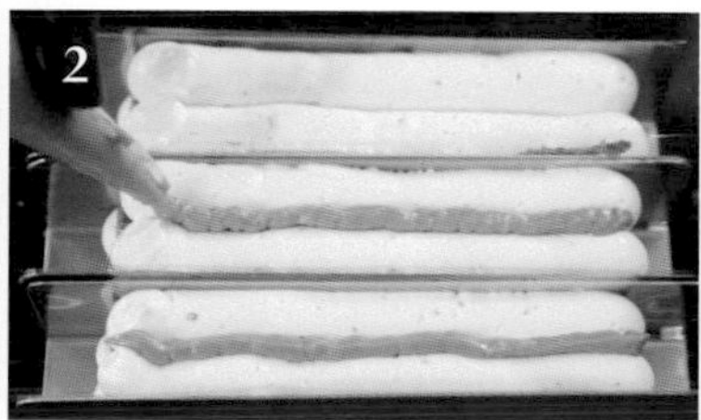
2

3

TIPS/ 盛裝在千層派皮內的香緹含水量十足，因此冷藏保存效期僅有一天，盡量在一天之內享用完，冷凍保存要存放在密封容器中，可存放 2 ~ 3 日，之後焦糖千層將變得不酥脆。

濃厚瑞穗抹茶香緹千層

Millefeuille au matcha taïwanais

難易度 ☆☆★★★

瑞穗抹茶甘納許

材料	公克
A 32% 白巧克力	189
可可脂	27
B 瑞穗抹茶粉	16
全脂奶粉	18
C 動物性鮮奶油	128
轉化糖漿	31
D 無鹽奶油	40

作法

1 材料 A 微波融化至 40°C（含以下）。

2 倒入混合過篩的材料 B。

3 以均質機均質，放在一旁備用。

4 材料 C 一同加熱至 50°C。

5 沖入作法 3 中。

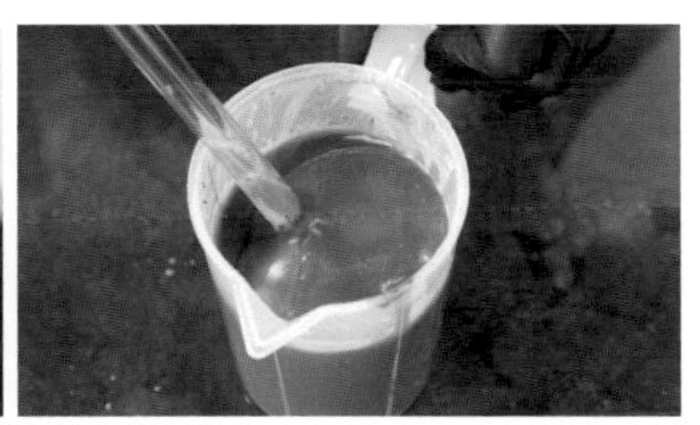

6 再次進行均質。

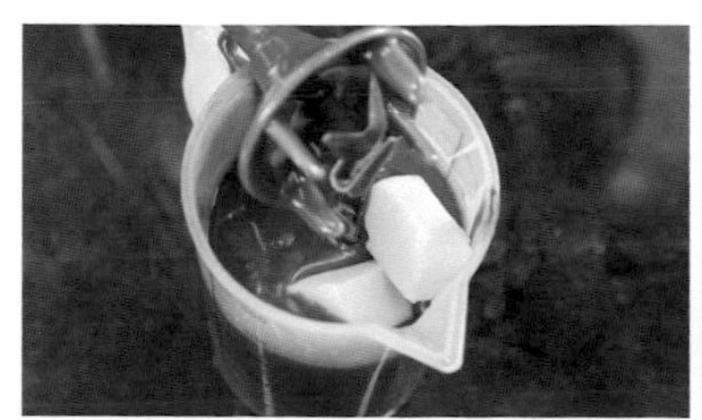

7 待以上甘納許溫度降到 38°C 時，丟入奶油塊沒入其中。

8 靜置 1 分鐘後均質。

9 以保鮮膜貼面覆蓋甘納許，在室溫（18~26°C）的環境下存放，等待隔日使用。

TIPS! 可放於巧克力櫃或冰箱冷藏保存，建議一週內使用完。

抹茶打發甘納許

材料		公克
A	動物性鮮奶油 2	365
	抹茶粉	20
B	動物性鮮奶油 1	243
	細砂糖	24
	葡萄糖漿	24
C	白巧克力	81
	可可脂	29

作法

1 材料 A 均質拌勻，放在冷藏冰箱中備用。

2 材料 B 一同加熱至 85°C，沖入材料 C 中，以均質機攪拌均勻。

3 把冷藏的作法 1 取出，倒入作法 2 中，再次以均質機拌勻。注意此時拌勻即可，勿過度以均質機均質，動物性鮮奶油容易被打發。均質完成的香緹以保鮮膜貼面，冷藏一晚備用（此為香緹）。

TIPS/ 冷藏可以存放約 5 日，不可冷凍保存。

4 倒入作法 3 冷藏一晚後的香緹。

5 打發時的香緹需保持冰冷。

6 球狀攪拌器中速打發，打至食材從有濕潤感轉為霧面堅硬，約 8 分發使用。

使用麵團	是否打洞	使用模具
▼	▼	▼
正摺法千層麵團（768 摺） 焦糖化千層酥皮	表皮要打洞	ㄩ字型模具 （長 17×寬 3×高 4 公分） 花嘴 SN7067

1　千層皮壓延至厚度約 0.25 ~ 0.3 公分，烘烤成焦糖化千層酥皮，裁切長 13 × 寬 2.7 公分矩形片。

2　根據模具高度裁切玻璃紙，鋪入ㄩ字型模；將切割好的焦糖千層派鋪在模子底部。

3　擠上兩列**抹茶打發甘納許**。　4　擠一條**瑞穗抹茶甘納許**。　5　放上另外一片焦糖千層。

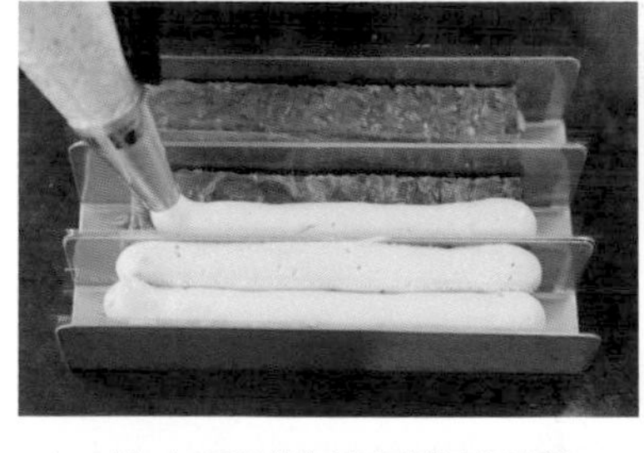
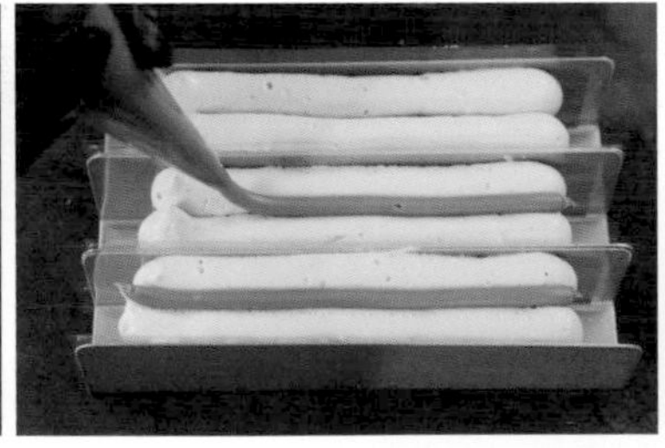

6　擠上兩列**抹茶打發甘納許**。　7　擠一條**瑞穗抹茶甘納許**。　8　放上一片焦糖千層。

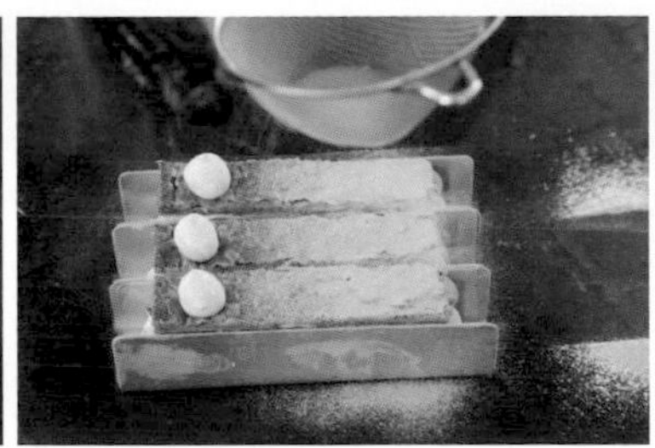

9　取一側擠一顆**抹茶打發甘納許**，冷凍 15 分鐘，等待餡料變硬定型。

10　從冷凍取出，另一側篩**防潮抹茶粉**。

11　蛋糕底盤抹些許**鏡面果膠**，把蛋糕拖上蛋糕底盤。

12　插上 LOGO 字卡完成。

TIPS/　盛裝在千層派皮內的香緹含水量十足，因此冷藏保存效期僅有一天，盡量在一天之內享用完，冷凍保存要存放在密封容器中，可存放 2 ~ 3 日，之後焦糖千層將變得不酥脆。

3-6

巧克力小米酒心千層

Millefeuille au chocolat noir, au vin de riz taïwanais

難易度 ☆☆★★★

小米酒黑巧甘納許

材料	公克
動物性鮮奶油	178
葡萄糖漿	22
70% 黑巧克力	211
無鹽奶油	30
花蓮原產小米酒	21

作法

1 厚底鍋加入動物性鮮奶油、葡萄糖漿，中大火加熱至 85°C（或小沸騰）。

2 沖入 70% 黑巧克力中靜置 30 秒，讓溫度浸透巧克力中心，以均質機均質。用均質機最佳，沒有均質機可以用打蛋器，只是食材質地不會那麼滑順，過多空氣也會影響保存期限。

3 均質至質地細膩滑順，待溫度降到 38°C 時。

4 丟入無鹽奶油塊，靜置 1 分鐘後再次均質。

5 加入小米酒，再度進行均質，此時甘納許流性十分強。

TIPS! 完成後以保鮮膜貼面覆蓋甘納許，在室溫（18~26°C）的環境下存放，等待隔日使用。可以放在巧克力櫃，或冷藏保存，建議一週內使用完畢。

小米酒巧克力外交官奶餡

材料	公克
香草卡士達醬（P.125）	243
70% 黑巧克力	120
花蓮原產小米酒	36
鮮奶油香緹（**動物性鮮奶油 10：細砂糖 1**）	486

TIPS!

本產品建議使用動物性鮮奶油 440g、細砂糖 44g。

作法

1 乾淨攪拌缸加入動物性鮮奶油、細砂糖。

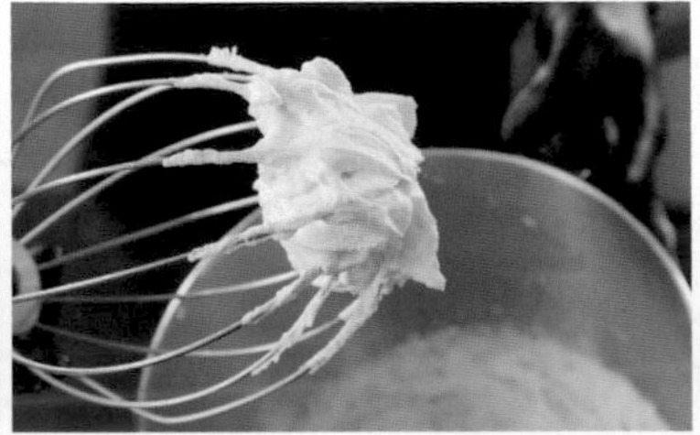

2 中速攪拌至九分發，如上圖質地（此為鮮奶油香緹）。

3 鋼盆加入打軟的香草卡士達醬、融化的 70% 黑巧克力。

4 用打蛋器拌勻。

5 倒入小米酒。

6 用打蛋器拌勻。

7 加入配方量的鮮奶油香緹。

8 快速拌勻即完成，放入冷藏備用（奶餡質地偏硬）。完成的奶餡須盡快用完，放越久奶餡就會越柔軟。冷藏可以存放約 2 日，不可大量製作後冷凍保存。

使用麵團	是否打洞	使用模具
正摺法千層麵團（768 摺） 焦糖化千層酥皮	表皮要打洞	ㄩ字型模具 （長 17×寬 3×高 4 公分） 花嘴 SN7067

組合作法

1 千層皮壓延至厚度約 0.25 ~ 0.3 公分，烘烤成焦糖化千層酥皮，裁切長 13 × 寬 2.7 公分矩形片。

2 根據模具高度裁切玻璃紙，鋪入ㄩ字型模；將切割好的焦糖千層派鋪在模子底部。

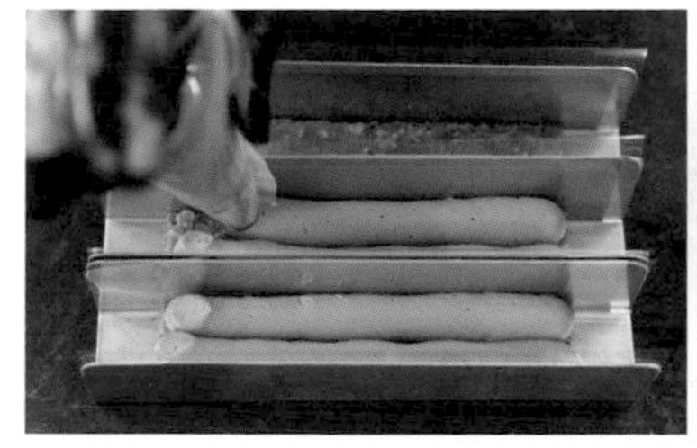

3 擠上兩列**小米酒巧克力外交官奶餡**。

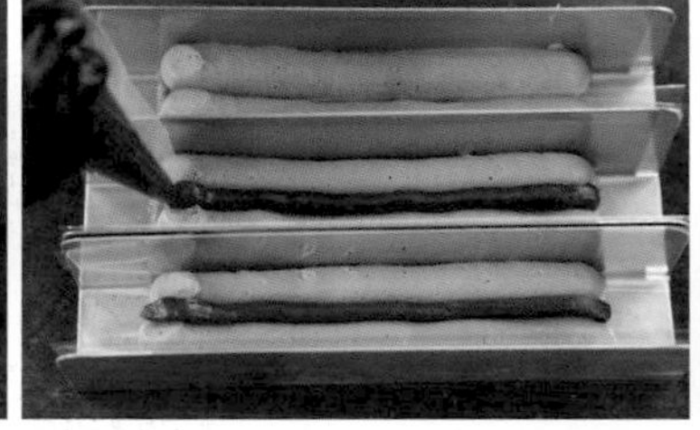

4 擠一條**小米酒黑巧甘納許**。

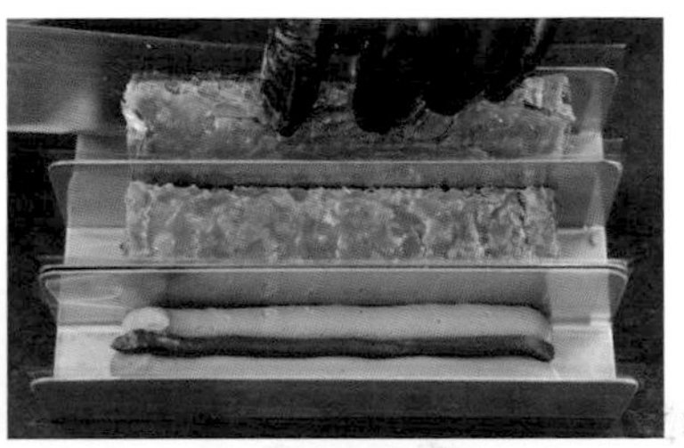

5 放上另外一片焦糖千層。

6 擠上兩列**小米酒巧克力外交官奶餡**。

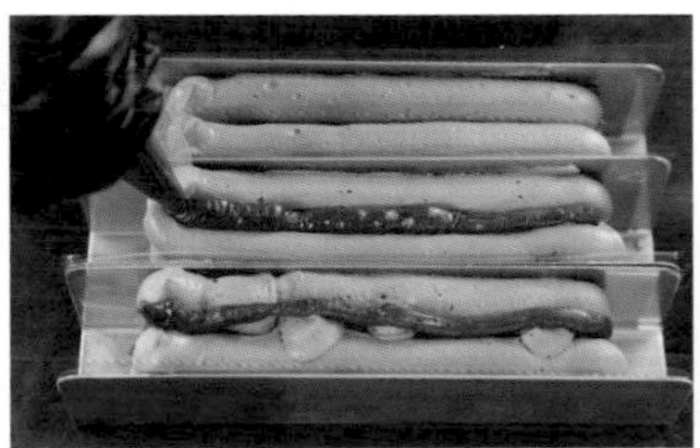

7 擠一條**小米酒黑巧甘納許**。

8 放上一片焦糖千層。

9 取一側擠一顆**小米酒巧克力外交官奶餡**，冷凍 15 分鐘，待餡料變硬定型。

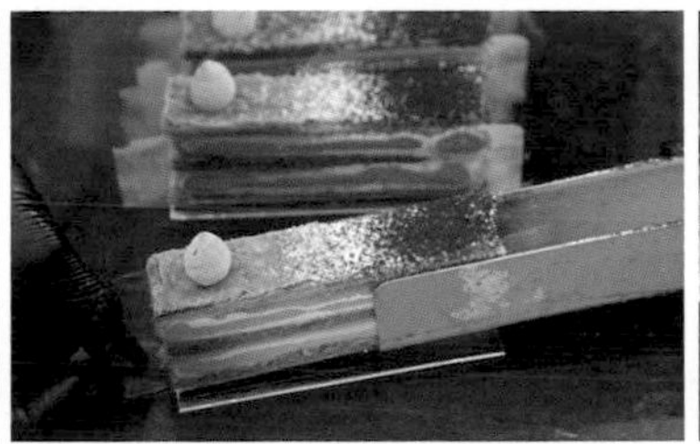

10 從冷凍取出，另一側依序篩**防潮糖粉**、**防潮可可粉**。蛋糕底盤抹些許鏡面果膠，並把蛋糕拖上蛋糕底盤。

11 插上 LOGO 字卡完成。

TIPS/

盛裝在千層派皮內的香緹含水量十足，冷藏保存效期僅有一天，盡量在一天之內享用完，冷凍保存要存放在密封容器中，可存放 2 ~ 3 日。

3-7

黑芝麻花生千層

Millefeuille aux cacahuètes, au sésame noir

難易度 ☆☆★★★

50% 花生醬

材料	公克
烤過的花生角（建議採用花蓮鳳林地區花生，香氣濃郁）	200

TIPS/ 炫風烤箱 170°C，烤約 7~8 分鐘。

材料	公克
葡萄籽油	40
糖粉	200

作法

1. 烤過的花生角放涼後先用桌上型調理機打碎打出油成泥狀，加入葡萄籽油，均質混合。
2. 糖粉分兩次加入，每次加入後都要與花生醬融合，加完最後一次糖粉均質讓糖粉融入。

TIPS/ 冷藏保存，建議兩週內使用完。

黑芝麻 TPT

材料	公克
生黑芝麻（不需預先烘烤）	200
糖粉	200

作法

1. 生黑芝麻先用桌上型調理機打碎，約略打碎即可，不要打到出油變成泥狀。
2. 糖粉分三次加入，每次加入後都可以把芝麻研磨的再細緻一些，加完最後一次糖粉，不要研磨太久導致芝麻出油。
3. 取篩網過篩即完成，裝入盒子中冷藏保存，建議兩週內使用完。

TIPS/ 平常可以放在紅酒櫃或者常溫保存。

黑芝麻香緹

材料	公克
動物性鮮奶油	245
馬茲卡彭	82
自製 100% 無糖黑芝麻醬	30
細砂糖	36

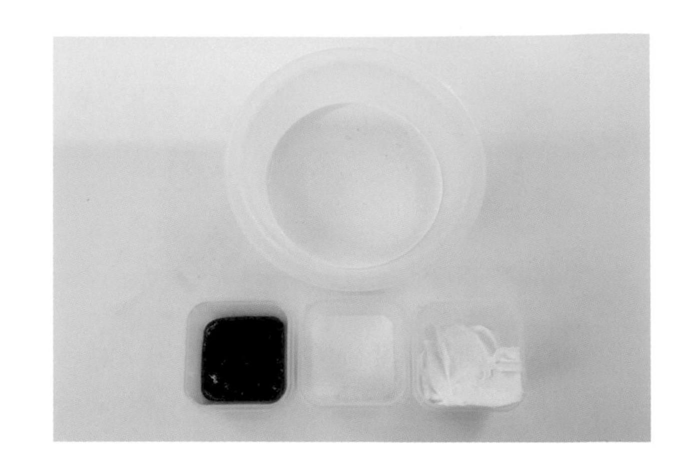

作法

1. **自製 100% 無糖黑芝麻醬**：烤盤鋪上適量生黑芝麻，旋風烤箱 170°C 烘烤 7 分鐘後放涼，以調理機進行研磨成芝麻醬，完成後以保鮮膜貼面冷藏保存即可。
2. 動物性鮮奶油、馬茲卡彭、自製 100% 無糖黑芝麻醬、細砂糖一起放入攪拌缸。
3. 以球狀打蛋器均勻混合後打至 8 ~ 10 分發，完成立即使用。

TIPS/ 冷藏 30 分鐘內使用完，不可大量製作冷凍保存。

使用麵團	**是否打洞**	**使用模具**
▼	▼	▼
正摺法千層麵團(768 摺) 焦糖化千層酥皮	表皮要打洞	ㄩ字型模具 (長 17×寬 3×高 4 公分) 花嘴 SN7067

組合作法

1. 千層皮壓延至厚度約 0.25 ~ 0.3 公分,烘烤成焦糖化千層酥皮,裁切長 13 × 寬 2.7 公分矩形片。
2. 根據模具高度裁切玻璃紙,鋪入ㄩ字型模;將切割好的焦糖千層派鋪在模子底部。

3 擠上兩列**黑芝麻香緹**。

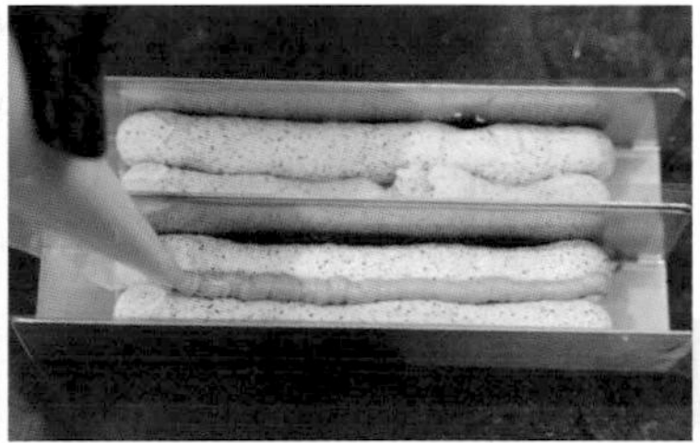

4 擠一條 **50% 花生醬**。

5 放上另外一片焦糖千層。

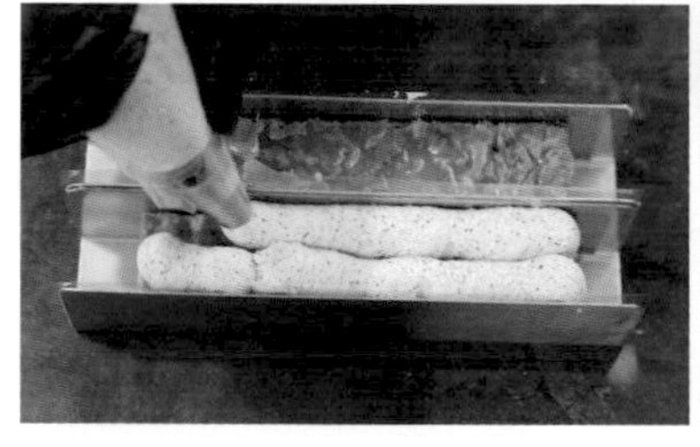

6 擠上兩列**黑芝麻香緹**。

7 擠一條 **50% 花生醬**。

8 放上一片焦糖千層。

9 取一側擠一顆**黑芝麻香緹**,冷凍 15 分鐘,等待餡料變硬定型。

10 從冷凍取出,另一側篩**黑芝麻 TPT**、少許**黑芝麻**。蛋糕底盤抹些許鏡面果膠,並把蛋糕拖上蛋糕底盤。

11 插上 LOGO 字卡完成。

TIPS/

盛裝在千層派皮內的香緹含水量十足,冷藏保存效期僅有一天,盡量在一天之內享用完,冷凍保存要存放在密封容器中,可存放 2 ~ 3 日。

3-8

水果盅千層

Tarte-millefeuille aux fruits

難易度 ☆☆★★★

香草打發甘納許

材料		公克
A	動物性鮮奶油 1	243
	細砂糖	24
	葡萄糖漿	24
	香草莢	1
B	白巧克力	81
	可可脂	29
C	動物性鮮奶油 2	365

作法

1 材料 A 一同加熱至 85°C，沖入材料 B 中，取出香草莢後以均質機均質均勻，放涼，保鮮膜貼面保存，冷藏一夜備用。

2 取出冷藏後的作法 1，與材料 C 再次均質拌勻。注意此時拌勻即可，勿過度均質，動物性鮮奶油容易被打發。均質完成的香緹以保鮮膜貼面，冷藏一晚備用。

TIPS/ 冷藏可以存放約 5 日，不可冷凍保存。

3 使用時將材料打至 8 ~ 10 分發，裝入套上花嘴的擠花袋中。

使用麵團	**是否打洞**	**使用模具**
正摺法千層麵團（27 摺）	表皮不打洞	矽膠透氣洞洞模（直徑 10 公分） 花嘴 SN7067、圓模 SN3844

組合作法

1 取出冷藏完的皮，擀壓至厚度約 0.2 公分，放入冷凍庫冰鎮約 5 分鐘。

2 裁切長 10 × 寬 10 公分正方片。

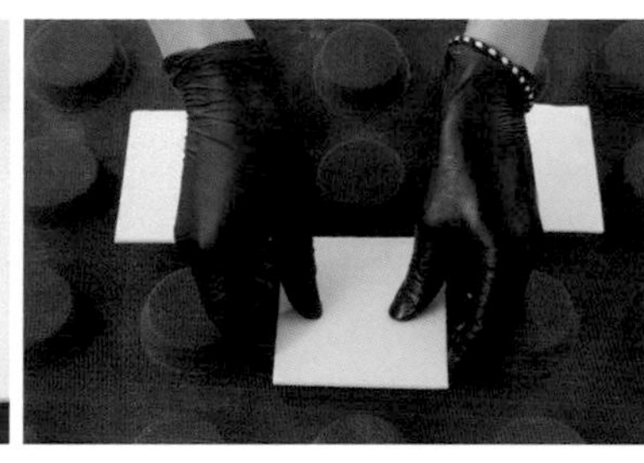

3 矽膠透氣洞洞模底部朝上，中心鋪一張千層皮。

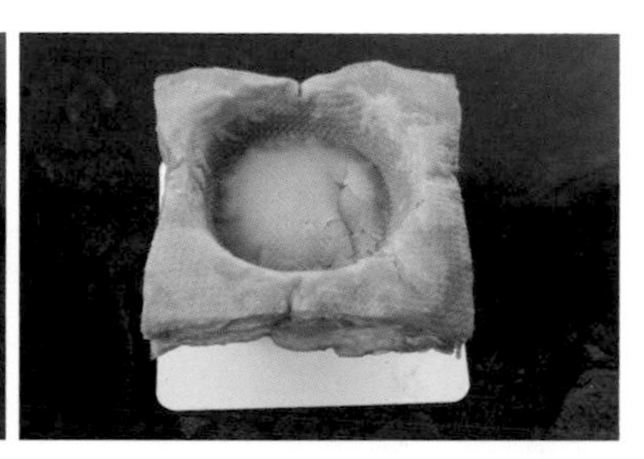

4 旋風烤箱設定 170°C，烘烤約 35 分鐘。

5 **杏仁達克瓦茲**（P.122）用 SN3844 壓出圓片。

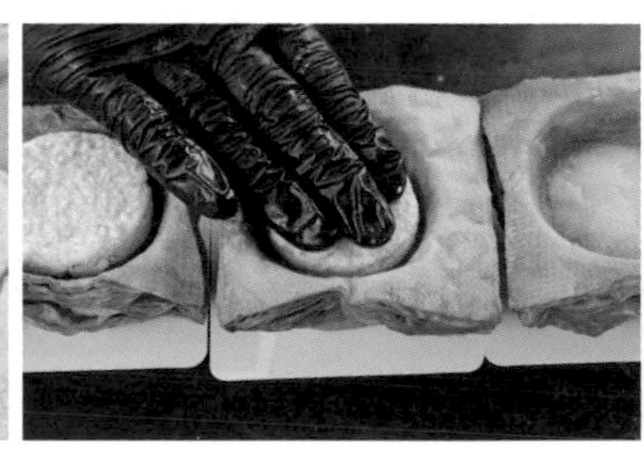

6 擺入烤好的千層派皮。

7 擠上**香草打發甘納許**。

8 擺上新鮮藍莓、草莓瓣、覆盆子、櫻桃瓣。

9 整顆櫻桃放入鏡面果膠中。

10 點綴於水果盅中心。

鹹點&組合型千層

- 鹹點千層
- Art！組合型千層蛋糕
- Bonus 盛宴！

Basic！鹹塔皮製作

使用麵團	是否打洞	使用模具
正摺法千層麵團（27 摺）	表皮不打洞	塔框 SN3218

作法

1 參考 P.107「千層貼皮作法」製作麵皮，厚度為 0.25 公分。

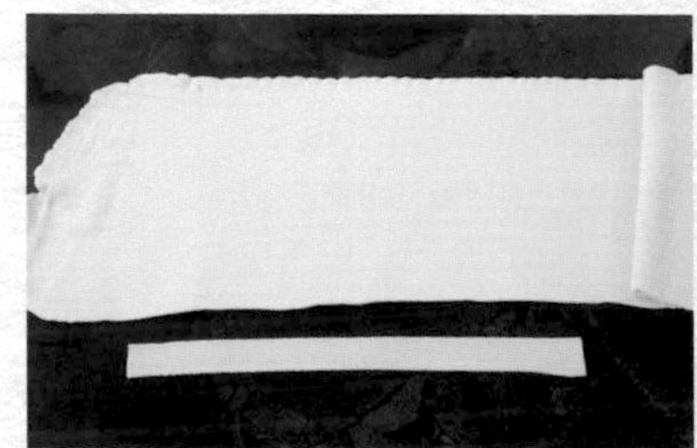

2 裁切長 30×寬 2.5 公分。

3 塔框內圈抹融化無鹽奶油。

4 千層麵皮橫紋朝外擺入塔框中。

5 此時重疊的部分會很多，這是為了確保烘烤後麵團收縮不會使圓形破一個洞。接合處抹適量清水黏著。

6 塔框底部麵團刷些清水。

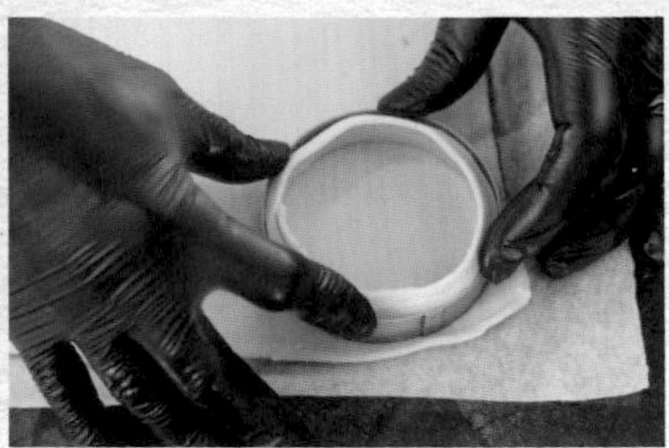

7 抹清水那面朝下，壓入橫紋朝上的千層麵皮。

8 生塔皮就完成了。

TIPS/ 接下來可以冷凍 30 分鐘再與餡料組裝烘烤

Basic！鹹塔蛋奶餡

材料	公克
全蛋	432
鮮奶	150
動物性鮮奶油	450
鹽	4.5
黑胡椒粉	2

作法

1 容器加入全蛋。

2 以打蛋器打散。

3 倒入鮮奶。

4 倒入動物性鮮奶油。

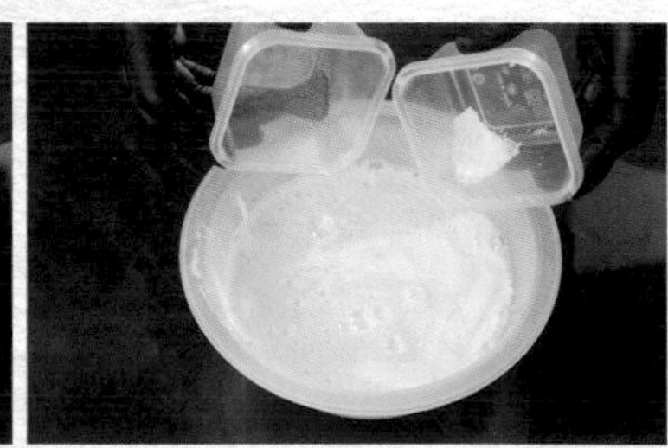

5 加入鹽、黑胡椒粉。

6 一次全部倒完。

7 完成如上圖。

8 以打蛋器打散。

9 完成如圖，這個狀態就可以使用了。

TIPS! 注意拌勻不可用均質機，材料中有「雞蛋與鮮奶油」，用均質機會把它打發，烤出來會變成蛋糕蓬鬆的質地。倘若有剩餘，可以用保鮮膜貼面，冷藏保存至多三日。

4-1

千層派皮鹹塔經典洛林
Quiche mille-feuille *Lorraine

難易度 ☆☆★★★

每顆 / 配料份量

	材料	公克
A	炒厚切培根	25
	瀝乾水分之剝皮辣椒	10
	TIPS/ 剝皮辣椒可酌量調整	
	炒焦糖洋蔥絲	25
	高達起司丁	5
B	鹹塔蛋奶餡（P.149）	適量
C	唐辛子粉	適量
	鹽之花	適量
	新鮮迷迭香	適量

作法

1 洛林是法國的省分，在洛林這個地方他們的鹹塔一定會加入一個神秘香料──「肉荳蔻」。這款可以在「鹹塔蛋奶餡」中額外加入 0.3g 肉豆蔻粉拌勻。

2 厚切培根用中大火慢慢煎至金黃飄香，取出備用；鍋子加入適量橄欖油（配方外）中火把洋蔥絲慢慢翻炒上色，直至顏色轉變為深咖啡色的焦糖洋蔥絲，備用。

3 放入炒厚切培根。

4 放瀝乾水分之剝皮辣椒。

5 放入炒焦糖洋蔥絲。

6 放入高達起司丁。

7 注入 8 分滿肉豆蔻鹹塔蛋奶餡。

8 旋風烤箱 170°C，烘烤約 30 ~ 35 分鐘。或視塔皮上色程度增減時間。

9 出爐後靜置 5 ~ 10 分鐘放涼，脫模。

10 表面撒適量唐辛子粉、鹽之花，最後放上裝飾用的一小段新鮮迷迭香，完成。

TIPS/ 蛋奶餡與食材因盛裝在千層派皮內，逐漸浸濕派皮，常溫保存效期僅只有 1 天，盡量在一天內享用完。冷藏可保存 2 ~ 3 天，大量製作者可以冷凍長期保存約 1 個月。
從冷凍取出後，需以 170°C 回烤 5 ~ 7 分鐘。

千層派皮鹹塔三種起司

Quiche mille-feuille aux trois fromages

難易度 ☆☆★★★

每顆／配料份量

	材料	公克
A	炒厚切培根	25
	藍紋乳酪	15
	高達起司丁	15
	卡門貝爾	15
B	鹹塔蛋奶餡（P.149）	35~40
C	以上三種乳酪起司	15
	紅芯芭樂乾	10
	杏桃乾	10
	新鮮百里香	2~3

作法

1 厚切培根用中大火慢慢煎至金黃飄香，取出備用。

2 放入炒厚切培根。

3 放入藍紋乳酪。

4 放入高達起司丁。

5 放入卡門貝爾。

6 注入8分滿鹹塔蛋奶餡。

7 旋風烤箱170°C，烘烤約30 ~ 35分鐘。或視塔皮上色程度增減時間。

8 出爐後靜置5 ~ 10分鐘放涼，脫模。

9 表面鋪三種乳酪起司、紅芯芭樂乾、杏桃乾，最後放上裝飾用的一小段新鮮百里香，完成。

TIPS/ 蛋奶餡與食材因盛裝在千層派皮內，逐漸浸濕派皮，常溫保存效期僅只有1天，盡量在一天內享用完。冷藏可保存2 ~ 3天，大量製作者可以冷凍長期保存約1個月。從冷凍取出後，需以170°C回烤5 ~ 7分鐘。

千層派皮鹹塔 比利時啤酒燉牛肉

Quiche mille-feuille carbonades flamandes traditionnelles

難易度 ☆☆★★★

比利時啤酒燉牛肉

材料	公克
牛肋條肉（切塊）	600
蒜頭	20
切塊胡蘿蔔	300
切塊馬鈴薯	300
啤酒	750
乾月桂葉	3~5 片
黑胡椒粉、鹽巴	適量

作法

1 鍋子燒熱，放入 20g 無鹽奶油（配方外）融化，放入牛肋條塊。

2 將每一塊切塊的牛肋條肉六面煎上色，撈出牛肉備用。

3 原鍋加入蒜頭，中火爆香蒜頭，把蒜頭慢慢加熱成金黃色。

4 加入胡蘿蔔、馬鈴薯塊略炒。

5 加入作法 2 牛肋條塊。

6 全部倒入即可。

7 倒入一整瓶啤酒，注意啤酒要蓋過所有食材。

8 啤酒酵素有助於肉質軟化，口感更嫩。

9 放入乾月桂葉，大火煮沸轉中小火慢燉 1 小時。

10 關火，靜置 2 ~ 4 小時至整鍋材料放涼（確保放涼過程中，不會有異物掉入鍋中）。

11 將燉汁與內容物食材過濾分離，把湯汁濃縮收乾至濃稠（可做成「特製版鹹塔蛋奶餡」），剩餘的材料冷藏保存二日，或冷凍保存一個月。

巴薩米克黑醋膏

材料	公克
巴薩米克醋	200
覆盆子果泥	50
細砂糖	25

作法

1 單柄鍋放入所有材料，中小火燉煮收汁。

2 待醬料濃稠時即離火，裝入容器中等待冷卻。

TIPS/ 完成的醋膏可冷藏存放約 1 週。

奶油炒蘑菇

材料	公克
洋菇切片	200
無鹽奶油	20
橄欖油	20
黑胡椒粉	適量
鹽	適量

作法

1 平底鍋放入無鹽奶油、橄欖油，中火加熱至金黃，丟入切片洋菇，盡可能把洋菇鋪平。

2 等待洋菇出水、收乾，過程中不要翻攪，直至煎到單面焦黃即可關火起鍋，此時再用鹽、黑胡椒粉調味拌勻。

3 放在一旁冷卻備用。

TIPS/ 倘有剩餘，真空包裝後放冷藏或冷凍保存。

奶油炒蘑菇

比利時啤酒燉牛肉

炒焦糖洋蔥絲

每顆 / 配料份量

	材料	公克
A	比利時啤酒燉牛肉	25~30
	炒焦糖洋蔥絲	8~10
	奶油炒蘑菇	5~10
B	鹹塔蛋奶餡（P.149） ★ 特製版請見右列作法	8 分滿
C	高達起司丁	5~8
	無花果乾	1/4 瓣
	巴薩米克黑醋膏	適量
	新鮮芳香萬壽菊	適量

作法

1 炒焦糖洋蔥絲：鍋子加入適量橄欖油（配方外）中火把洋蔥絲慢慢翻炒上色，直至顏色轉變為深咖啡色的焦糖洋蔥絲，備用。

TIPS/ 若少量製作，每次可製作一到半顆的分量，比較方便。

2 特製版的「鹹塔蛋奶餡」，可以把配方的鮮奶量全部替換成啤酒燉肉的湯汁，一方面強化風味，另一方面可避免奶味太重讓比利時啤酒燉牛肉風味被稀釋。

3 放比利時啤酒燉牛肉塊。

4 放一起燉煮的馬鈴薯。

5 放胡蘿蔔、炒焦糖洋蔥絲。

6 放奶油炒磨菇。

7 注入 8 分滿的特製鹹塔蛋奶餡。

8 旋風烤箱設定 170°C，烘烤約 30 ~ 35 分鐘。或視塔皮上色程度增減時間。

9 出爐後靜置 5 ~ 10 分鐘放涼，脫模。

10 表面擠三個小點的巴薩米可黑醋膏，鋪上高達起司丁、無花果乾，最後放上裝飾用的一小段新鮮芳香萬壽菊，完成。

TIPS/ 蛋奶餡與食材因盛裝在千層派皮內，逐漸浸濕派皮，常溫保存效期僅只有 1 天，盡量在一天內享用完。冷藏可保存 2 ~ 3 天，大量製作者可以冷凍長期保存約 1 個月。
從冷凍取出後，需以 170°C 回烤 5 ~ 7 分鐘。

4-4

千層捲心酥
三種口味

難易度 ☆☆★★★

使用麵團	是否打洞	使用模具
正摺法千層麵團（27 摺）	表皮不打洞	長條鐵條模

Step 1、共通作法

1 取出冷藏完的皮，擀壓至 0.15 公分厚（本產品所需厚度），放入冷凍鬆弛 3 分鐘。

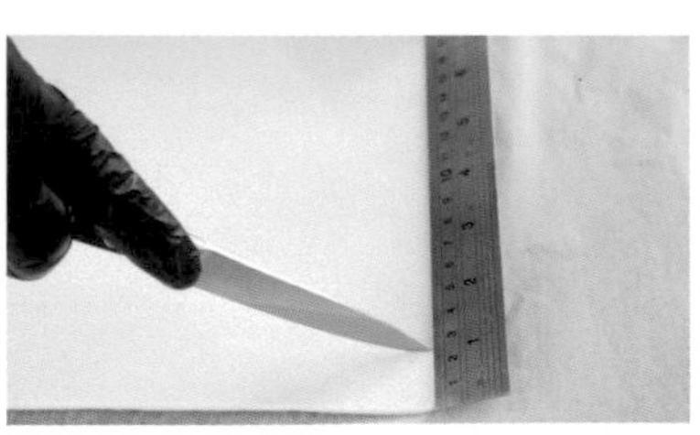

2 時間到將麵皮取出，量寬 2.5 公分並作記號裁切。

3 表面刷一層薄薄的**全蛋液**，薄薄的即可，不用太多。

Step 2、選擇口味製作

▼ 肉鬆帕瑪森 Mille-feuille roulée aux sesames

4 撒**細砂糖**。

5 撒**生白芝麻**。

6 撒**生黑芝麻**。

7 一段一段捲起。

8 整條捲起。

9 前後再稍微捲一下。

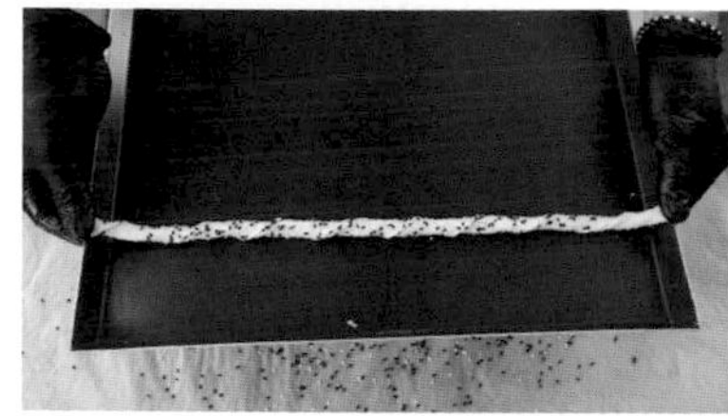

10 放上烤盤，超出烤盤的部位用手指壓斷，固定麵團。麵團與麵團間放上一條鋼管，輔助烘烤定型，避免互相沾黏。

11 旋風烤箱設定 180°C，烘烤約 15 ~ 20 分鐘。

▼ 微辣紅椒 Mille-feuille roulée au poudre de piment japonais

12 撒**紅椒粉（Paprika 不辣）**。

13 撒適量**唐辛子**。

14 撒少許**海鹽**。

15 一段一段捲起放上烤盤，超出烤盤的部位用手指壓斷，固定麵團。麵團與麵團間放上一條鋼管，輔助烘烤定型，避免互相沾黏。旋風烤箱設定 180°C，烘烤約 15 ~ 20 分鐘。

▼ 黑白芝麻 Mille-feuille roulée au Parmasen au Porc séché

16 撒**帕瑪森起司粉**。

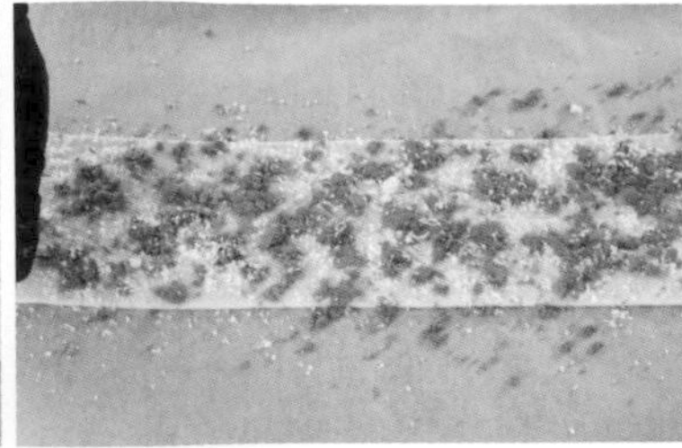

17 撒**肉鬆**。

18 一段一段捲起。

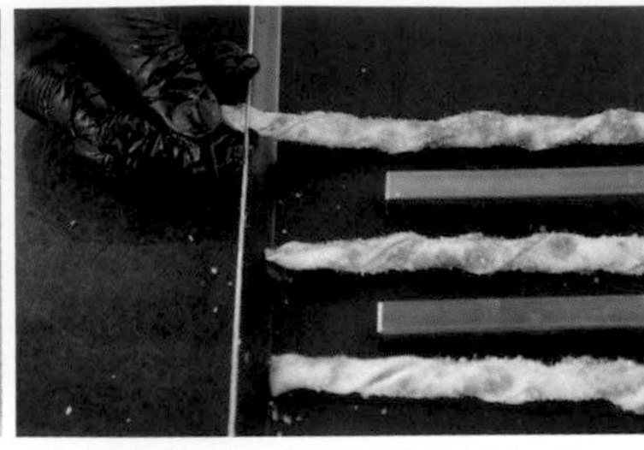

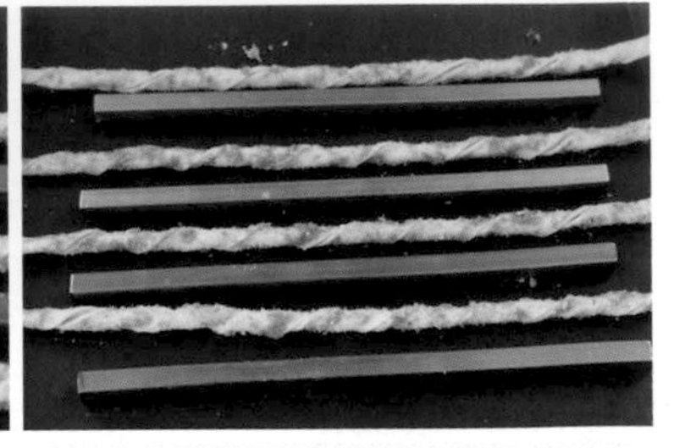

19 整條捲起放上烤盤，超出烤盤的部位用手指壓斷，固定麵團。麵團與麵團間放上一條鋼管，輔助烘烤定型，避免互相沾黏。旋風烤箱設定 180°C，烘烤約 15 ～ 20 分鐘。

Step 3、出爐表面適量刷 30 度波美糖水（P.25），再次回烤 2 分鐘

MICHEL
CLUIZEL

4-5

聖多諾黑
Saint-Honoré

難易度 ★★★★★

脆皮酥菠蘿

材料	公克
糖粉	80
無鹽奶油	80
低筋麵粉	80

作法

1 攪拌缸加入無鹽奶油，無鹽奶油建議軟化至 16°C 左右。

2 使用槳狀攪拌器慢速打軟奶油。

3 下過篩糖粉，慢速打糖粉打到差不多融入奶油中。

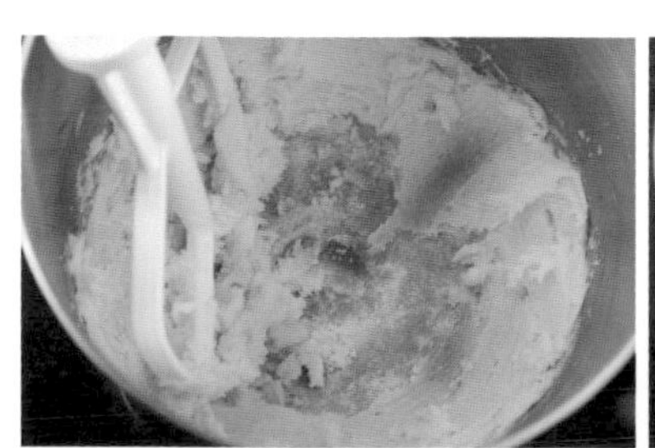

4 轉中速打均勻。

5 下過篩低筋麵粉，慢速 1 分鐘，中速 3 分鐘打勻。

6 打到粉類融入奶油中，注意不用打到出筋。

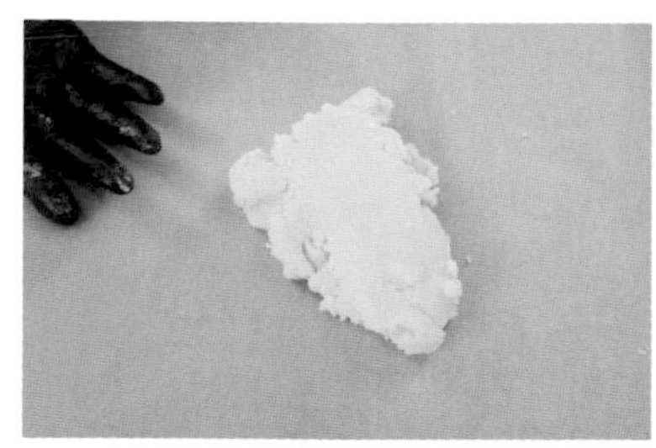

7 將麵團放到烤焙紙中間蓋起。

8 擀麵棍推平壓扁至 0.1 公分厚。

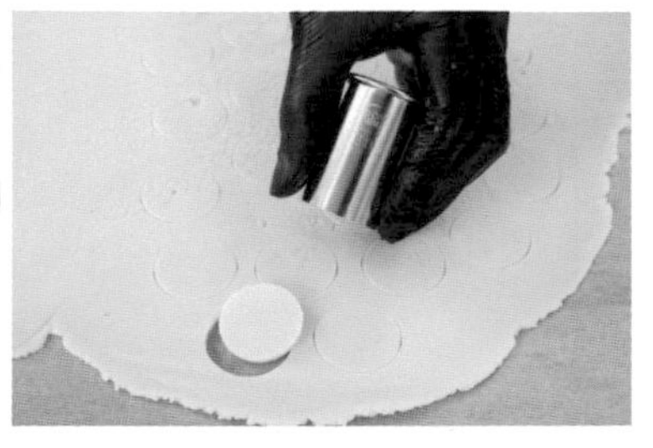

9 用 SN3841 壓模，冷凍後即可脫模使用。

焦糖馬茲卡彭餡

材料	公克
焦糖蛋奶醬（P.166）	100
馬茲卡彭	200

TIPS!

材料比例為焦糖蛋奶醬 1 ：馬茲卡彭 2。

作法

1 攪拌缸加入所有材料。

2 以槳狀高速攪拌打發，打發完成時呈現堅挺的質地。

香草香緹

材料	公克
動物性鮮奶油	300
細砂糖（或糖粉）	30
香草醬	10
總量	**340**

作法

1 將所有材料混合，直接以「球狀」攪拌器打發至 8~9 分發，使用前請放在冷藏中保存。

2 製作完成的香緹要盡快在 30 分鐘內使用完畢，無法冷凍或冷藏保存。長時間保存質地將改變。

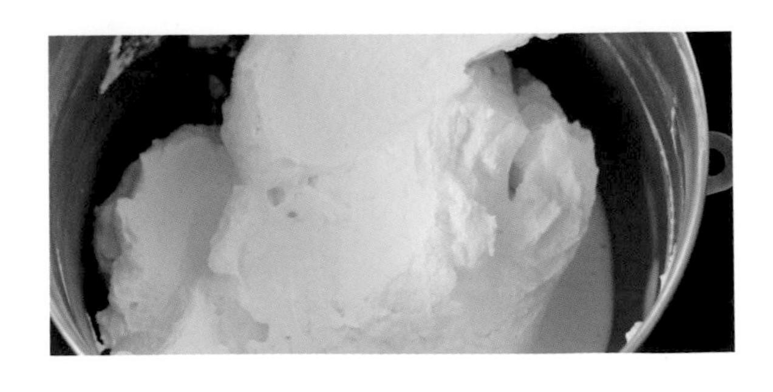

覆盆子果醬

材料	公克
覆盆子果泥	177
NH 果膠粉	2
細砂糖（A）	119
細砂糖（B）	59
葡萄糖漿	36
新鮮檸檬汁	5
覆盆子利口酒	8

作法

1 NH 果膠粉、細砂糖（A）混勻備用。

2 覆盆子果泥煮到 40°C，加入混勻的作法 1，中大火煮至沸騰。

3 慢慢加入細砂糖（B），邊加入邊攪拌。

4 中大火煮至沸騰。

5 加入葡萄糖漿煮至沸騰，關火。

6 關火，下新鮮檸檬汁拌勻。

7 倒入另一鋼盆輔助降溫。

8 待材料溫度降至 80°C，下覆盆子利口酒拌勻。保鮮膜貼面冷藏保存。

焦糖蛋奶醬

材料		公克
A	動物性鮮奶油（A）	972
	蛋黃	236
	細砂糖（A）	56
	吉利丁粉	16
	冷水（吉利丁用水）	80
B	細砂糖（B）	384
	動物性鮮奶油（B）	272
	香草醬	5
	鹽	1

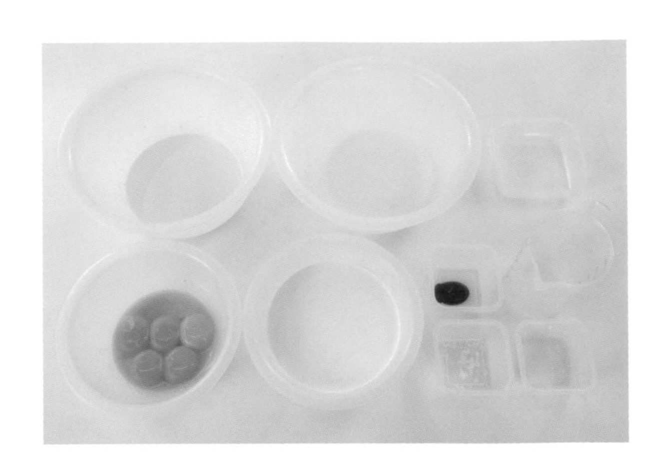

作法

1 材料B先製作一份焦糖醬。鍋子分次加入細砂糖（B），中火加熱。

2 把邊緣融化的細砂糖刮到中間，輔助焦糖均勻融化。

3 每次都等上一批細砂糖融化了，才加入下一次的量。

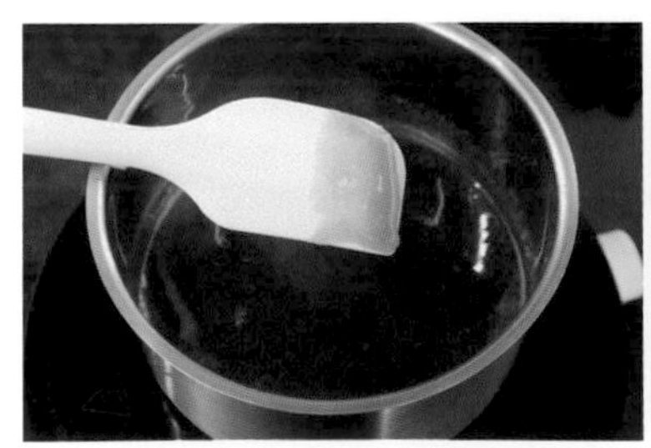

4 全程中火加熱至全部細砂糖融解，呈現漂亮的焦糖色澤。

5 乾炒到焦糖狀態滾沸且大量冒泡，關火（深色焦糖狀態）。

6 緩緩加入拌勻的動物性鮮奶油（B）、香草醬、鹽。加入時注意安全，溫差太大會噴濺，邊倒入邊以橡皮刮刀攪拌。

7 將煮好的焦糖醬轉移到另一個容器中靜置冷卻。

8 原鍋繼續製作蛋奶餡。鍋子加入動物性鮮奶油（A）中火加熱至沸騰。

9 一旁將蛋黃與細砂糖（A）以打蛋器混合。吉利丁粉泡冷水拌勻。

10 將煮滾的作法 8 倒入蛋黃砂糖中。

11 邊倒邊以打蛋器攪拌，全部倒完後，再倒入另一個有柄鍋準備進行加熱。

12 中火加熱至 83°C，加熱全程需以橡皮刮刀不停攪拌，避免底部燒焦。

13 煮到 83°C 的蛋奶醬迅速倒入一旁冷卻的作法 7 焦糖醬中拌勻。

14 測量溫度，一但溫度低於 70°C，就可以加入泡軟的吉利丁拌勻。

15 以均質機均質至質地看不到顆粒，整體呈現光澤均勻的狀態。

TIPS/ 以保鮮膜貼面後冰冷藏一晚備用，冷凍可保存 1 個月。

脆皮泡芙

材料		公克
A	水	343
	鹽	2
	細砂糖	7
	無鹽奶油	157
B	低筋麵粉	200
C	全蛋	321

作法

1 厚底鍋加入材料 A。

2 中火煮至沸騰，關火。

3 倒入過篩低筋麵粉以刮刀拌勻，拌至無明顯粉粒。

4 麵粉碰到熱水會迅速糊化，開中小火，加熱拌勻至鍋底結一層薄皮。

5 鍋底結皮代表麵糊經過充分加熱，水分蒸發，才會在底部結一層皮。

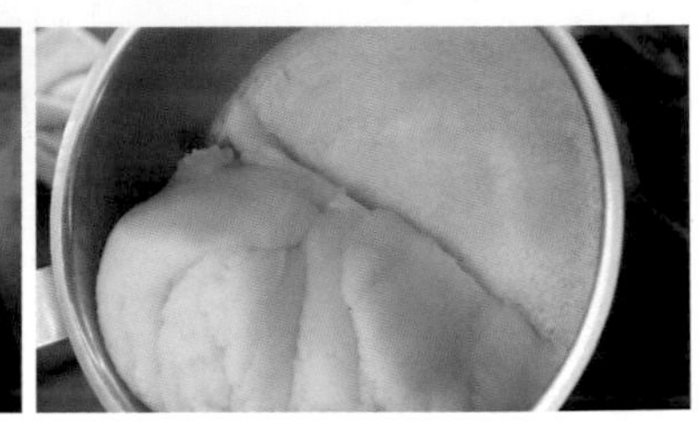

6 透過底部結皮這個動作控制與判斷麵糊的含水量。讓麵糊水分變少是為了讓泡芙不要長得太大。

7 這款需要加熱拌勻到底部的結皮看不到鍋底，煮到這種程度即可。

8 煮的好的皮待鍋子冷卻之後會自己與厚底鍋分離，變成一塊薄餅。

9 倒入攪拌缸，槳狀攪拌器攪打到麵糊降溫至 50°C。倒入全蛋中的蛋黃。

10 降溫是為了避免蛋一加入就變熟。中速攪打至食材均勻融合。

11 蛋黃要 80°C 以上才會變熟，蛋白變熟的溫度比較低。

12 接著分次加入蛋白，邊加入邊用中速攪打。

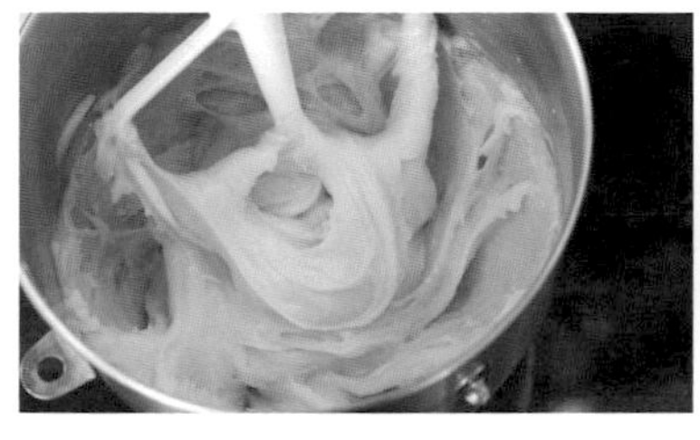

13 攪拌至麵糊與全部蛋白均勻混合。

14 停機把缸壁麵糊往下刮。

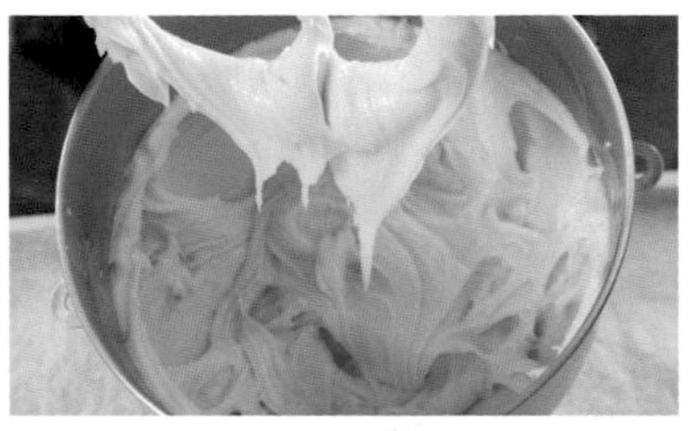

15 轉至高速攪拌約 2 分鐘，完成的麵團微溫並且泛白（拌入空氣所致）。

16 裝入套上花嘴（SN7067）的擠花袋，在鋪上烤焙紙的烤盤上擠約 3 ~ 4g 圓球形。

17 手指沾少許清水把泡芙的小尖角壓下去，整體呈現小圓球狀。冰入冷凍等待定型。

18 烤盤鋪上矽膠孔洞烤焙墊，放上凍硬的泡芙。

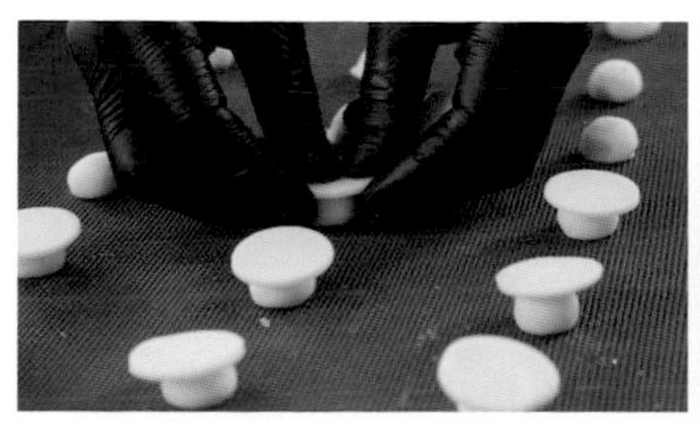

19 鋪上冷凍後的**脆皮酥菠蘿**。

20 旋風烤箱設定 170°C，烘烤約 20 ~ 25 分鐘。

TIPS/

作法 17 冷凍保存約 5 天，必須裝在密封容器中以避免乾燥空氣將泡芙麵糊乾燥。

使用麵團	是否打洞	使用模具
正摺法千層麵團（768 摺） 焦糖化千層酥皮	表皮要打洞	矽膠模（SF005） 花嘴 989、6 吋圓模

組合作法

1 首先，將焦糖千層派切割成一片 8 寸大小的圓片，取蛋糕底版托住千層派皮。

2 脆皮泡芙灌入**焦糖馬茲卡彭餡**約 5g，略微冷凍 10 分鐘。

3 參照 P.166「**焦糖蛋奶醬**」作法 4，在一旁將乾炒焦糖煮起來。

4 脆皮泡芙正面朝下，沾適量乾炒焦糖。

5 放入矽膠模中，常溫等待定型。

6 **杏仁達克瓦茲**（P.122）用 6 吋圓模壓模。

7 先將焦糖千層派皮烤好，裁切比 6 吋慕斯框微大的大小，放上 6 吋達克瓦茲蛋糕體在正中心。在外圍擠一圈**香草香緹**。

8 焦糖泡芙擺在千層外圍，中心達克瓦茲處擠**覆盆子果醬，勿擠滿**。

9 以水滴形花嘴（韓式花嘴型號 989）將**香草香緹**以錯位的方式擠在泡芙圍圈內側，直到中心。

10 正中心放一顆**焦糖脆皮泡芙**，在孔隙處撒上切丁的**糖漬橘皮丁**，點綴**芳香萬壽菊葉片**、**金箔**，完成～

TIPS! 千層派皮與焦糖都會因為冷藏而逐漸變化，因此冷藏保存效期僅有 1 天，冷凍保存可以放上一週，在享用之前要冷藏退冰約 30 分鐘。

千層草莓蛋糕
Mille-feuille FRASIER

難易度 ★★★★★

TIPS/ 千層派皮會因為吸收餡料中的水分而逐漸軟化，冷藏保存效期僅有 2 ～ 3 天，因為新鮮水果的緣故無法冷凍保存，盡量在三日內享用完畢。

使用麵團	是否打洞	使用模具
▼	▼	▼
正摺法千層麵團（768 摺） 焦糖化千層酥皮	表皮要打洞	8 吋方模 圓口花嘴（型號不拘）

組合作法

1 模具底部鋪裁切 14 公分正方片的焦糖千層（焦糖面朝上），內部圍上與邊框同高的軟質玻璃紙。

2 軟質玻璃紙片周圍圍上切半的**草莓**（去掉蒂頭），盡量緊密排列，轉折處也可以放置草莓。

3 每個**草莓**間隙擠**開心果香緹**（P.121），底部也平擠一圈，再用抹刀仔細把香緹抹入草莓間隙中。

4 中央鋪長寬 9 公分**杏仁達克瓦茲**（P.122），蛋糕反面朝上塗抹草莓利口酒。

5 在蛋糕間隙處擠**開心果香緹**，用抹刀仔細把香緹抹入間隙中。

6 中心平均擠一層（現成）**草莓果醬**。

7 擠**開心果香緹**。

8 鋪切半**草莓**。

9 擠**開心果香緹**抹平。

10 輕輕將另一片裁切好的焦糖千層放置中心。

11 用兩張長條紙張擋著篩**防潮糖粉**，擠**開心果香緹**。

12 點綴切半**草莓**、**金箔**，冷藏至定型，脫模完成。

覆盆子草莓大千層

Mille-feuille Grand aux Framboises

難易度 ★★★★★

使用麵團
▼
正摺法千層麵團（768 摺）
焦糖化千層酥皮

是否打洞
▼
表皮要打洞

使用模具
▼
7 吋方模
花嘴 SN7068（型號不拘）

組合作法

1 中心擠上一層**香草外交官餡**（P.126）。

2 撒**覆盆子乾**。

3 擠一圈蚊香形**香草外交官餡**。

4 鋪一張**焦糖千層派**。

5 周圍間隔地擠上球狀**香草外交官餡**，擺一顆**覆盆子**。

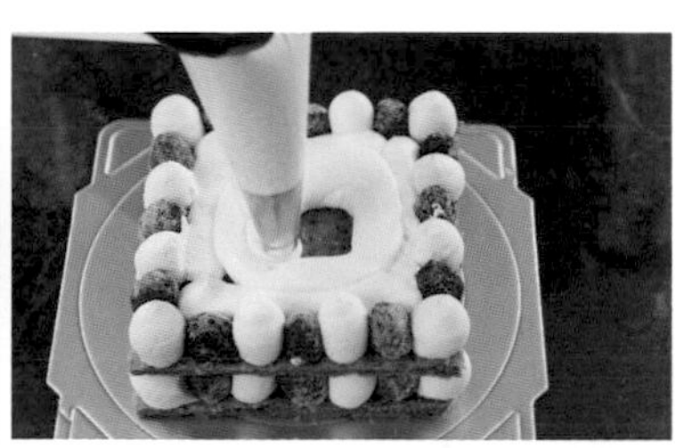

6 中心擠一層**香草外交官餡**。

7 撒**冷凍覆盆子碎粒**。

8 鋪一張**焦糖千層派**。

9 用兩張長條紙張擋著篩**防潮糖粉**。

10 在沒有防潮糖粉的位置，擠一條**香草外交官餡**。

11 擺數顆**覆盆子**點綴，水果下方擠**覆盆子果醬**（P.165）輔助黏著。

12 點綴**新鮮芳香萬壽菊**、**金箔**，放上 LOGO 卡牌完成。

TIPS! 千層派皮會因為吸收餡料中的水分而逐漸軟化，冷藏保存效期僅有 2 ~ 3 天，因為新鮮水果的緣故無法冷凍保存，盡量在三日內享用完畢。

Basic！國王派抹蛋液＆表面劃痕與後製

作法

1 表面均勻的塗上薄薄的**增色蛋液**（P.95），放入冷藏冰箱約 30 分鐘，等待表面略乾涸。

2 注意不能完全乾涸，手指觸碰不黏手，指尖不會黏到蛋液，表面略乾涸。

3 再次塗上一層薄薄的**增色蛋液**，放入冷藏冰箱約 20 分鐘，待表面略乾涸。

4 取出後，於中心戳一個洞輔助後續劃線定位。

5 外圍用小刀劃一圈，確認割線的邊界。

6 接著開始割線，此步驟可自由發揮，繪製想要的線條。

7 此處介紹國王餅最傳統的割線方式。小刀從中心點往外向邊界劃去，邊割邊轉動蛋糕轉盤，讓花紋向外擴散。

8 完成內圈的割線後，將外圍也割出細密的切痕。注意割線不能刻太用力、太深。

9 完成割線時表面戳數個洞，幫助國王餅透氣，避免烘烤時膨脹太高。

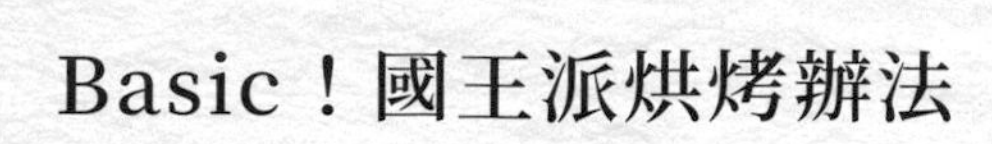

Basic！國王派烘烤辦法

作法

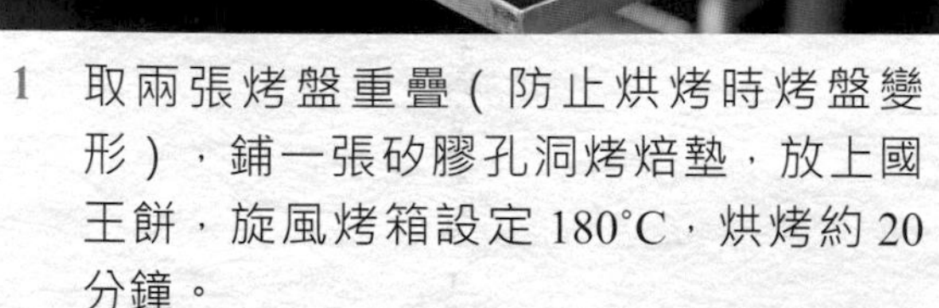

1 取兩張烤盤重疊（防止烘烤時烤盤變形），鋪一張矽膠孔洞烤焙墊，放上國王餅，旋風烤箱設定 180°C，烘烤約 20 分鐘。

2 接著在兩側放上高度 4 公分的模具。

3 輕鋪一張烤焙紙在國王餅上，再覆蓋 2 張烤盤於模具上方，限制國王餅的膨脹高度。

4 設定 175°C 烘烤 35 分鐘，烤至表面與側邊上淡褐色。

5 移開烤盤與烤焙紙，設定 180°C 繼續烘烤 5 分鐘。在國王餅外圍抹 **30 度波美糖水**（P.25），塗抹糖水必須在烤箱中進行，防止國王餅遇冷塌陷。

6 設定 200°C 烘烤 5 ~ 8 分鐘，達到理想的上色後出爐國王餅，在室溫中放涼。

TIPS/ 鋁合金烤盤易在烤箱中變形，用兩張烤盤重疊的方式，可防止烤盤變形造成國王餅歪斜。
放涼的國王餅可以常溫保存 3 日，冷藏保存 5 天。冷凍保存可以長達一個月，但是必須都以密封的容器保存。

4-8

實作 8 吋國王餅

卡士達杏仁餡 # 糖漬橘皮丁

Galette des Rois (frangipane a l’orange confit)

難易度 ☆★★★★

卡士達杏仁餡

材料		公克
A	無鹽奶油	500
	純糖粉	500
B	香草卡士達醬（P.125）	400
	萊姆酒	60
C	杏仁粉	500
	低筋麵粉	100
D	全蛋（室溫）	500

作法

1 容器加入材料 B。

2 用打蛋器快速拌勻。

3 攪拌缸加入提前 1 小時拿至室溫放軟的無鹽奶油。

4 以槳狀攪拌器低速打軟。

5 加入過篩純糖粉。

6 低速攪打至粉類大致融入，轉中速攪打至材料均勻。

7 加入過篩杏仁粉。

8 加入過篩低筋麵粉。

TIPS! 可於此步驟做口味變化。

9 低速拌勻至看不見粉粒。

10 將全蛋中的蛋黃慢慢加入。

11 邊加入邊攪拌，直到蛋黃完全融入。

12 分次下蛋白。

13 邊加入邊攪拌。

14 每次都等到蛋白均勻融入，才加下一次。

15 拌勻至食材充分均勻。

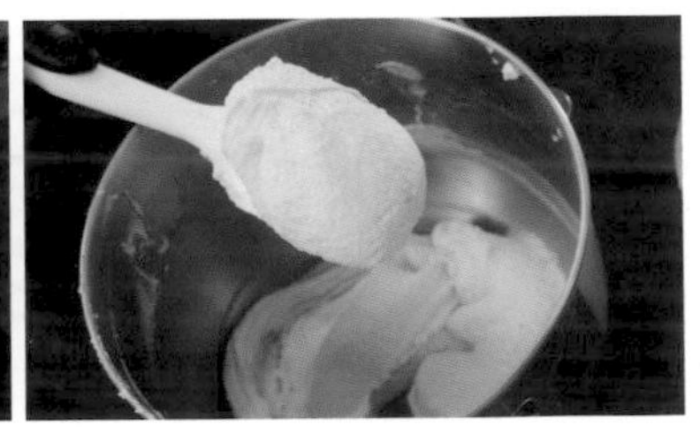

16 加入作法 2，低速拌勻。

17 以橡皮刮刀檢查攪拌缸邊緣是否都有拌勻。

18 如果沒有均勻，再以刮刀輕柔拌勻即可。

TIPS/ 剛製作好的醬料不可立即使用，因為質地太軟了，表面貼覆保鮮膜，冷藏一晚（約 8 ~ 12 小時）備用，冷藏到醬料有稠性再使用。也可以冷凍長期（1 個月）保存。冷凍保存需要前一天拿到冷藏退冰一晚，才能使用。

使用麵團	是否打洞	使用模具
▼	▼	▼
反摺法千層麵團	表皮不打洞	8 吋塔框、9 吋塔框 圓形花嘴（型號不拘）

組合作法

1 千層派皮壓延厚 0.25 公分長方片，裁切成兩張 24 公分正方片，做上方向性記號（因為麵皮有一個紋理在。皮不能直接蓋下去，要轉向 90 度）。冷藏冰鎮 30 分鐘。

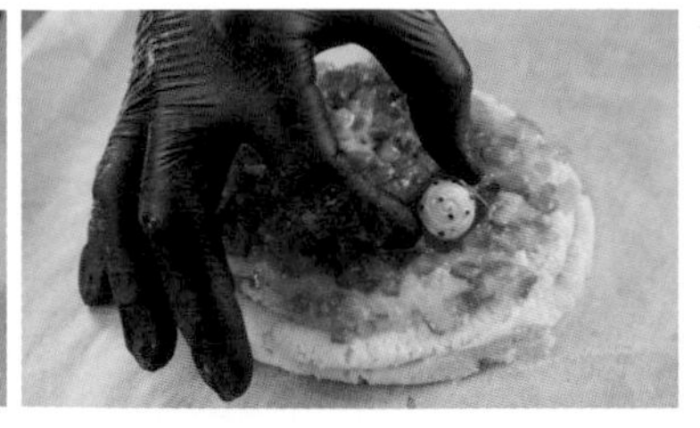

2 烤焙紙擠**卡士達杏仁餡** 240g、鋪**糖漬橘皮丁** 50g，餡料擠的時候可以拿一個 8 吋塔框，餡需距離模具 2 公分。於某處放入一個陶瓷小物，把餡料冷凍冰硬備用。

3 千層派皮中央放上 9 吋塔框、凍硬的餡料定位。

4 四邊抹上清水，放另一片千層（記號轉 90 度）。

5 以指腹溫柔地將兩片餅皮合在一起，打數個洞。

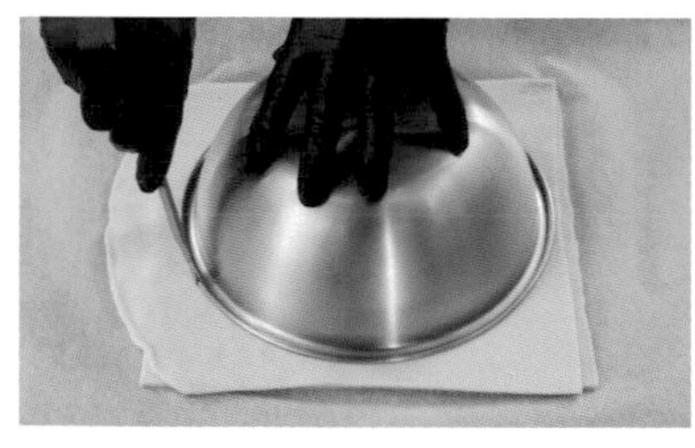

6 覆蓋 9 吋塔框或尺寸差不多的鋼盆，沿邊緣割開。

7 中心的餡料與派皮邊緣盡量維持 2 公分的間距。

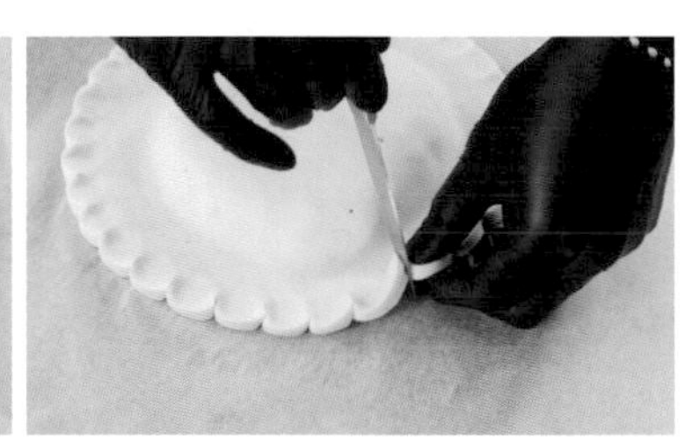

8 周圍做花邊造型（可做可不做），放入冷凍稍微冰鎮 10 分鐘。

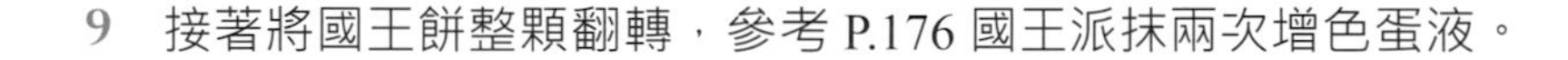

9 接著將國王餅整顆翻轉，參考 P.176 國王派抹兩次增色蛋液。

10 表面以鋒利小刀刻劃（不能刻太用力、太深）。

11 表面戳數個洞，幫助國王派透氣，避免整體膨脹太高。

12 參考 P.177 國王派烘烤方法，烘烤完畢與抹糖水。達到理想的上色後出爐，在室溫中放涼。

實作 6 吋國王餅

伯爵茶卡士達杏仁餡 # 糖漬檸檬皮丁

Galette des Rois
(frangipane au Earl Grey au citron confit)

難易度 ☆★★★★

使用麵團	是否打洞	使用模具
▼	▼	▼
反摺法千層麵團	表皮不打洞	6 吋塔框、7 吋塔框 圓形花嘴（型號不拘）

伯爵茶卡士達杏仁餡

	材料	公克
A	無鹽奶油	500
	純糖粉	500
B	香草卡士達醬（P.125）	400
	萊姆酒	60
C	杏仁粉	500
	伯爵茶粉	100
D	全蛋（室溫）	500

作法

1. **伯爵茶卡士達杏仁餡**：參考 P.179 ~ 180 卡士達杏仁餡作法製作「伯爵茶卡士達杏仁餡」。烤焙紙擠**伯爵茶卡士達杏仁餡** 180g、鋪**糖漬檸檬丁** 30g，餡料擠的時候可以拿一個 6 吋塔框，餡需距離模具 2 公分。於某處放入一個陶瓷小物，把餡料冷凍冰硬備用。
2. **組合作法**：千層派皮壓延厚 0.25 公分長方片，裁切成兩張 22 公分正方片，做上方向性記號（因為麵皮有一個紋理在。皮不能直接蓋下去，要轉向 90 度）。冷藏冰鎮 30 分鐘。
3. 千層派皮中央放上 7 吋塔框、凍硬的餡料定位，麵皮四邊抹上清水，放另一片千層（記號轉 90 度），以指腹溫柔地將兩片餅皮合在一起，打數個洞。
4. 覆蓋 7 吋塔框或尺寸差不多的鋼盆，以美工刀（或鋒利的刀）切割掉多餘的派皮，中心的餡料與派皮邊緣盡量維持 2 公分的間距。

   TIPS! 這麼做的理由是稍後烘烤時餡料會融化往外擴散，如果沒有留間距派皮會「吐奶」。
5. 周圍做花邊造型（可做可不做），放入冷凍稍微冰鎮 10 分鐘。
6. 接著將國王餅整顆翻轉，參考 P.176 國王派抹兩次**增色蛋液**。
7. 表面以鋒利小刀刻劃花紋（不能刻太用力、太深），戳數個洞（戳洞幫助國王派透氣，避免整體膨脹太高）。
8. 參考 P.177 國王派烘烤方法，烘烤完畢與抹糖水，達到理想的上色後出爐，在室溫中放涼。

4-10

實作 4 吋國王餅

蜜香紅茶卡士達杏仁餡 # 去籽酒釀脆梅 / 胭脂梅

Galette des Rois (frangipane au Thé noir parfum miel aux prunes fermentées)

難易度 ☆★★★★

使用麵團	是否打洞	使用模具
▼	▼	▼
反摺法千層麵團	表皮不打洞	4 吋塔框、5 吋塔框 圓形花嘴（型號不拘）

蜜香紅茶卡士達杏仁餡

	材料	公克
A	無鹽奶油	500
	純糖粉	500
B	香草卡士達醬（P.125）	400
	萊姆酒	60
C	杏仁粉	500
	蜜香紅茶粉	100
D	全蛋（室溫）	500

作法

1 **蜜香紅茶卡士達杏仁餡**：參考 P.179 ~ 180 **卡士達杏仁餡**作法製作「蜜香紅茶卡士達杏仁餡」。烤焙紙擠**蜜香紅茶卡士達杏仁餡** 50g、鋪**去籽酒釀脆梅（或胭脂梅）** 20g，餡料擠的時候可以拿一個 4 吋塔框，餡需距離模具 2 公分。於某處放入一個陶瓷小物，把餡料冷凍冰硬備用。

2 **組合作法**：千層派皮壓延厚 0.25 公分長方片，裁切成兩張 16 公分正方片，做上方向性記號（因為麵皮有一個紋理在。皮不能直接蓋下去，要轉向 90 度）。冷藏冰鎮 30 分鐘。

3 千層派皮中央放上 5 吋塔框、凍硬的餡料定位，麵皮四邊抹上清水，放另一片千層（記號轉 90 度），以指腹溫柔地將兩片餅皮合在一起，打數個洞。

4 覆蓋 5 吋塔框或尺寸差不多的鋼盆，以美工刀（或鋒利的刀）切割掉多餘的派皮，中心的餡料與派皮邊緣盡量維持 2 公分的間距。

TIPS! 這麼做的理由是稍後烘烤時餡料會融化往外擴散，如果沒有留間距派皮會「吐奶」。

5 周圍做花邊造型（可做可不做），放入冷凍稍微冰鎮 10 分鐘。

6 接著將國王餅整顆翻轉，參考 P.176 國王派抹兩次**增色蛋液**。

7 表面以鋒利小刀刻劃花紋（不能刻太用力、太深），戳數個洞（戳洞幫助國王派透氣，避免整體膨脹太高）。

8 參考 P.177 國王派烘烤方法，烘烤完畢與抹糖水，達到理想的上色後出爐，在室溫中放涼。

Basic！基礎可頌麵團

材料

材料	公克
T55 麵粉	300
T45 麵粉	200
細砂糖	60
鹽	9
鮮奶（冷藏）	160
冷水	100
無鹽奶油	42
香草醬	5
新鮮酵母	20

TIPS! 裹油量約是麵團總重的 30% 到 35% 之間，不會到四成，四成就太多了。詳細的配方數字可見產品食譜。

作法

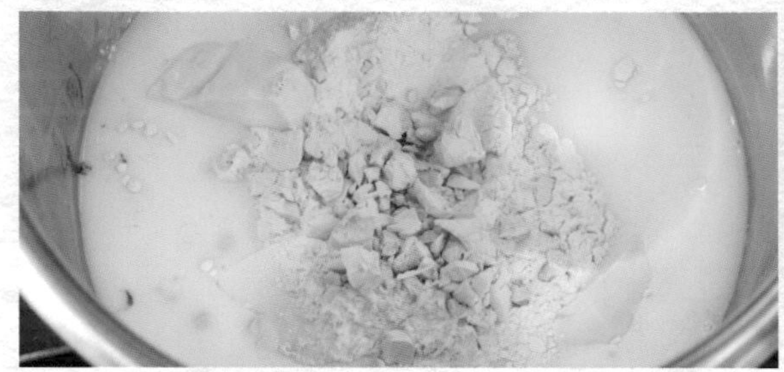

1 **攪拌**：所有材料放入攪拌缸中，以鉤狀攪拌器先低速攪拌 6 分鐘。* 室溫需保持 22 ~ 26°C。

2 低速 6 分鐘，轉中速 6 分鐘，攪打至麵筋形成，麵團中心溫度約 26 ~ 28°C）。

3 檢查麵團攪打程度，可以拉出薄膜呈完全擴展狀態。

4 **基本發酵**：鋼盆噴適量烤盤油，避免發酵後麵團沾黏。

TIPS! 發酵完成時以手指沾高筋麵粉按壓，麵團會彈回即完成基本發酵。

5 麵團收整成團狀，放入鋼盆，保鮮膜將鋼盆封住，發酵 40 分鐘（溫度 27 ~ 28°C）。

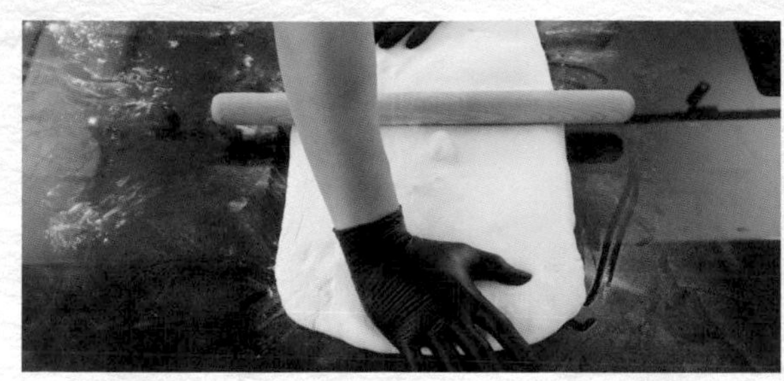

6 **冷藏一晚**：桌面撒適量高筋麵粉，麵團先以手掌輕輕拍開壓扁。

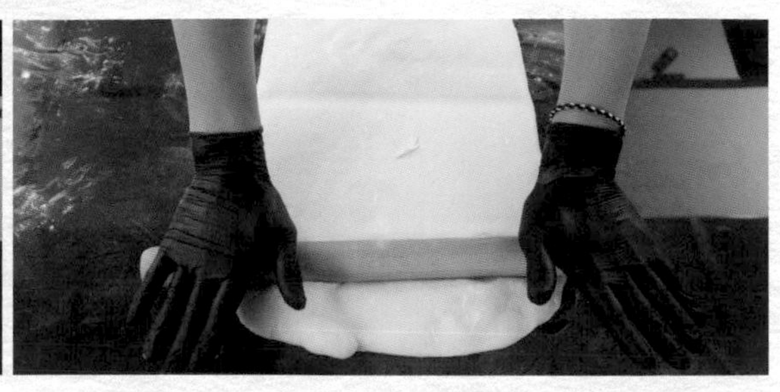

7 再用擀麵棍擀開，將麵團厚度控制在 1.5 公分，延展成長方形。

8 取保鮮膜妥善包覆，四邊都要包起來。

9 冷藏靜置一晚（冷藏溫度 0 ~ 4°C）。

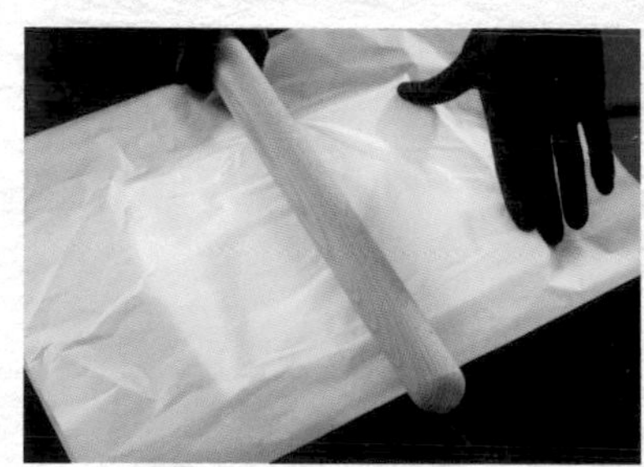

10 **準備奶油片**：裹入用的 84% 奶油（配方見產品頁）以擀麵棍打軟。

11 擀成可以被可頌麵皮包覆的矩形長度（長 20 × 寬 30 公分）。

12 敲打可以改變奶油中的分子結構，奶油就會有彈性與延展性，用烤焙紙妥善包覆。

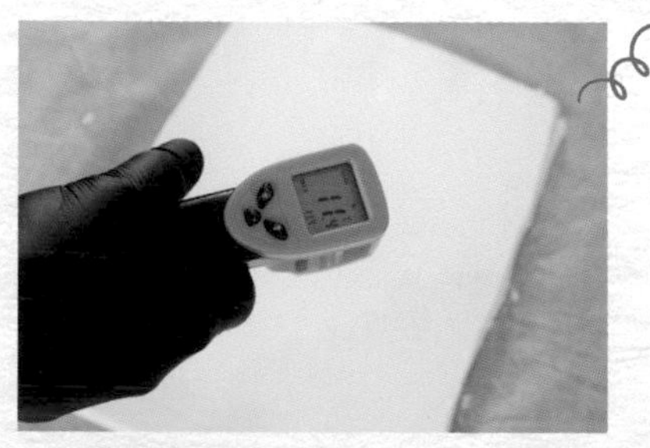

13 送入冷凍靜置約 5 分鐘，使奶油溫度降至 8 ~ 12°C 間。

TIPS!

製作可頌要控制奶油跟麵團溫度，兩者的溫度最高不超過 12°C，因操作過程中麵團與奶油都會持續升溫，一但達到 14°C 奶油就會開始微微融化，不會全部融化但會出水，麵團吸收水分之後就會糊化，烤出來的成品，切面蜂巢狀的組織就會變厚，口感改變。

4-11

邊境招牌香草可頌

Croissant

難易度 ☆★★★★

TIPS! 剛烘烤好的可頌表皮酥脆、內在柔軟保濕有彈性，當天吃是最棒的！但如果想要隔日或稍後再吃，可以將可頌完全放涼冷卻，放在密封容器中冷凍，享用前以 170˚C 烘烤約 2 分鐘加熱即可，盡量在三日內享用，隔日的可頌組織會因為麵皮吸收水分而愈來愈乾燥。

材料

材料	公克
基礎可頌麵團 P.186 ~ 187	總重 896
裹入用 84% 奶油片	296

TIPS! 裹油量約是麵團總重的 30% 到 35% 之間，不會到四成，四成就太多了。

作法

1 **裹油**：取出降溫的可頌麵團，擀成長 20 × 寬 60 公分。

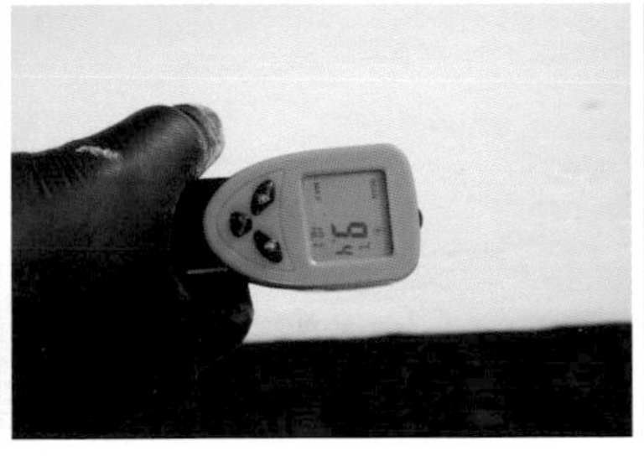

2 確認麵團溫度與奶油溫度一致，兩者溫度約 8 ~ 10°C 之間。

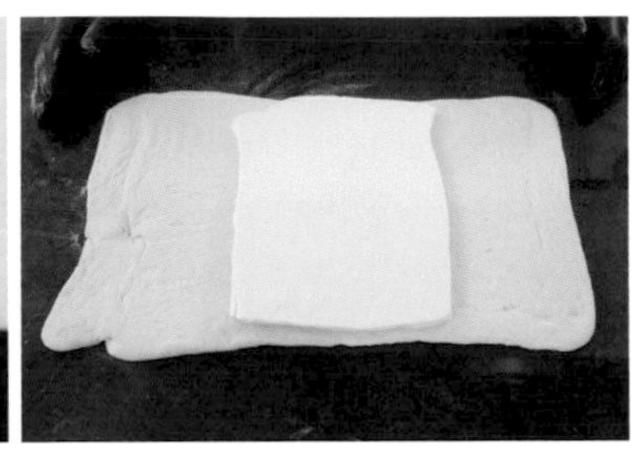

3 中心鋪上奶油片，注意勿讓奶油超出麵團之外。

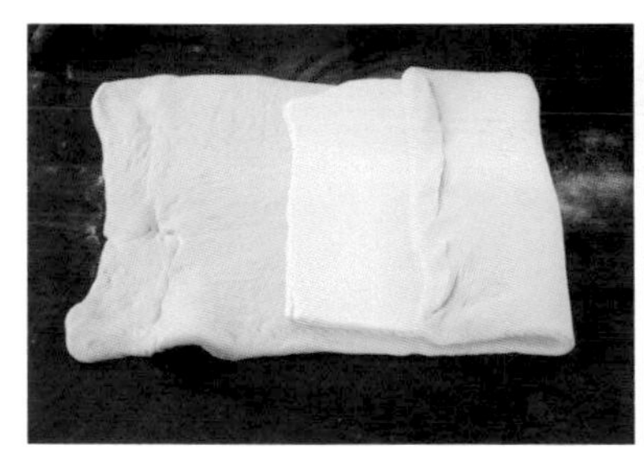

4 取一側麵團朝中心摺回。

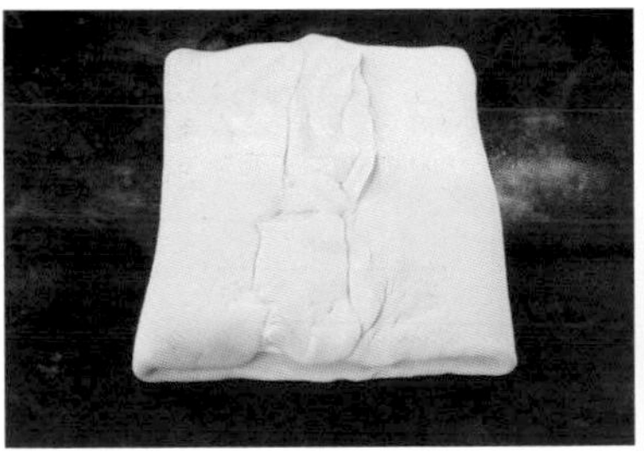

5 兩端麵團朝中心摺回。

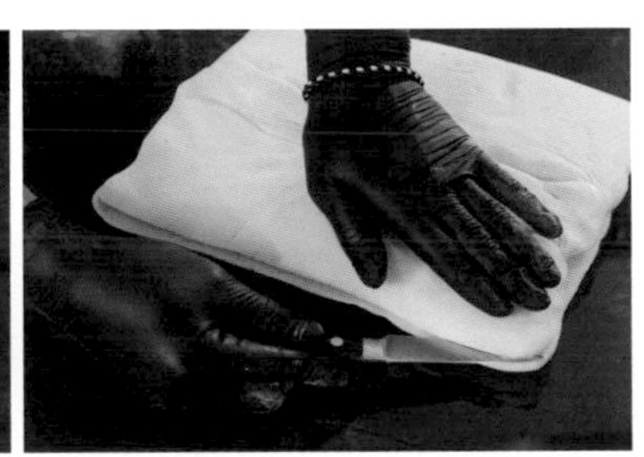

6 把側邊麵團橫向割開。

TIPS! 若以擀麵棍將麵團擀開裹油，建議做到步驟 6 時要用袋子將麵團妥善包裹，冷藏 30 分鐘讓麵團降溫。若是用壓麵機製作，速度夠快可不需冷藏，直接進行下一個步驟。冷藏與否的關鍵在於「麵團溫度」。

7 **四摺一**：壓延至寬度 60 公分，把左右兩側過多的麵團修去。

8 一側取 1/4 處摺回來。

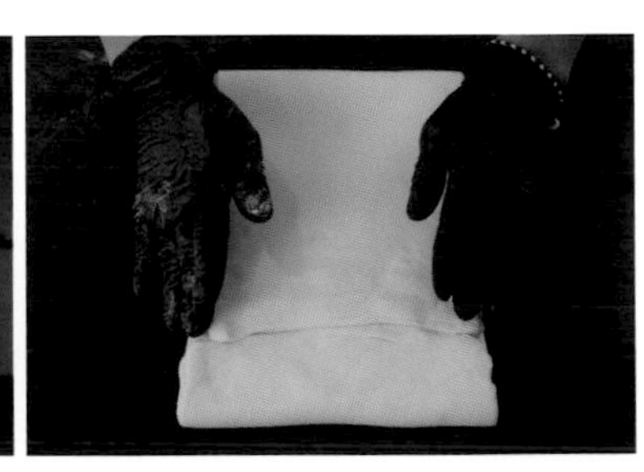

9 另一側取 3/4 處摺回（摺回處可用擀麵棍壓一下）。

10 再從中對摺。

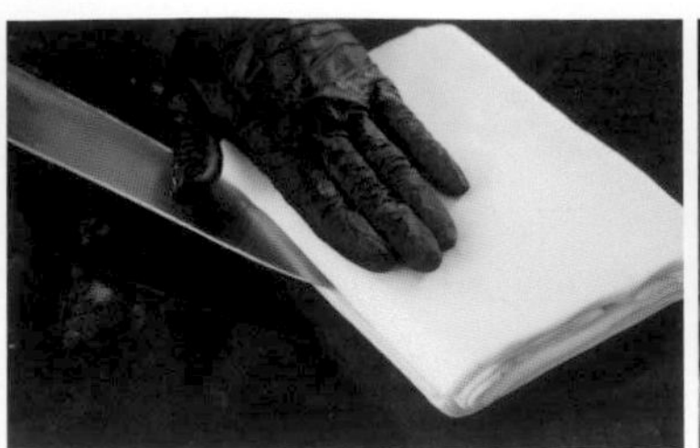

11 小刀割開麵團側邊鬆弛。

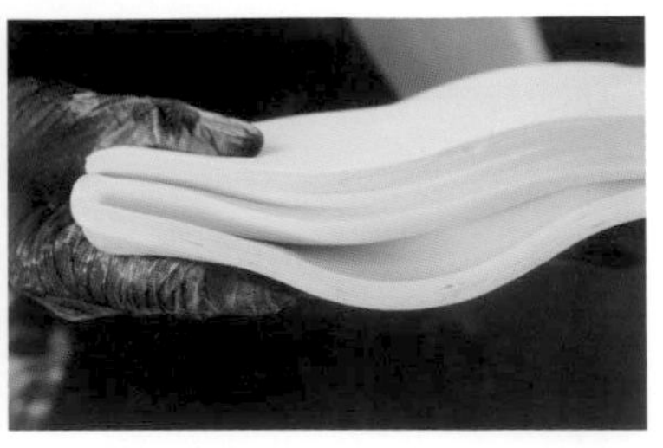

12 側面層次如圖，用袋子將麵團妥善包裹，冷藏30分鐘讓麵團降溫。

甜蜜小訣竅

☑ 四摺又稱為「雙摺」，**以上步驟即為四摺一次**。降溫讓麵團保持在10～12℃左右，再進行下一次的摺疊。

☑ 所有四摺手法皆相同，區別只在於操作次數，操作第二次即為四摺二次；第三次即為四摺三次，以此類推。

13 三摺：麵團撒適量高筋麵粉，擀成長度60公分。

14 取一端摺回。

15 取另一端摺回（摺回處可用擀麵棍壓一下）。

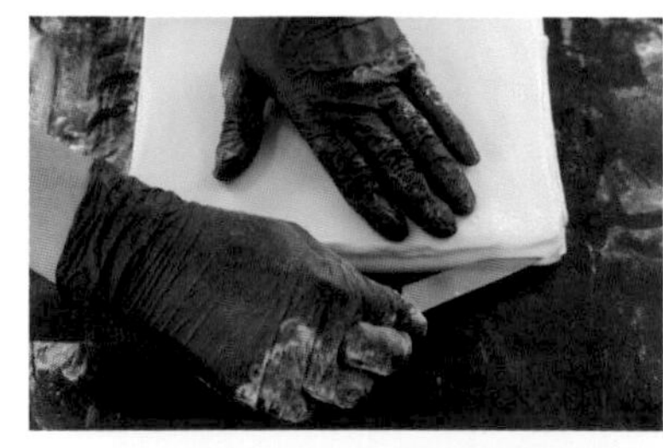

16 小刀割開麵團側邊鬆弛。

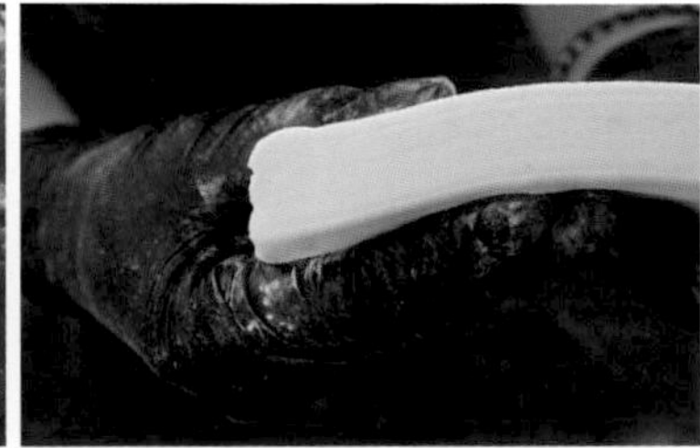

17 側面層次如圖。

18 以保鮮膜妥善包覆冷藏鬆弛30分鐘（此為三摺一）。

TIPS! 每一次摺疊都會讓麵團筋性變強，可以在麵團包覆的兩側以小刀輕輕劃開，幫助麵團鬆弛。注意麵團不能擀太厚，盡量維持在最高1.5公分的厚度。

擀壓時會有多餘的手粉，在進行「摺回」前可以用小刷子適當撥去手粉。

19 **整形**：取出冷藏麵團，擀成3.75公分的厚度（長45×寬35公分），修整四邊麵團。

TIPS! 手工操作者，可將麵團分兩份加快速度。

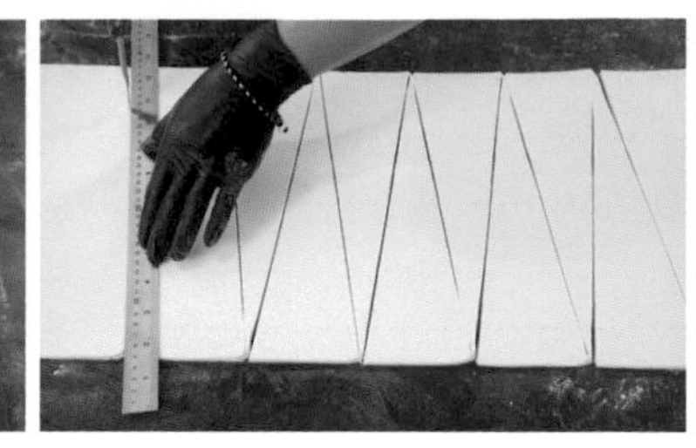

20 測量寬度9公分，切割成三角形麵片，等待麵皮溫度回升到17～18°C。

TIPS! 麵皮溫度太低，中心發酵速度慢，烘烤後中心的口感就會很扎實。

21 表面噴一層薄薄的水霧，把回溫的麵皮在寬面中心用美工刀切一刀。

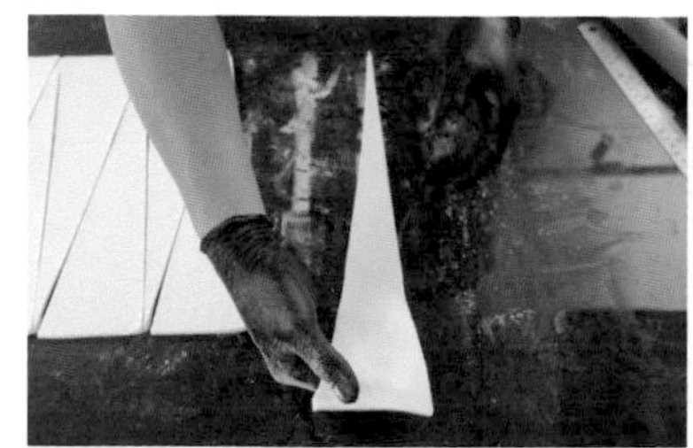

22 雙手稍把麵皮延伸拉開。

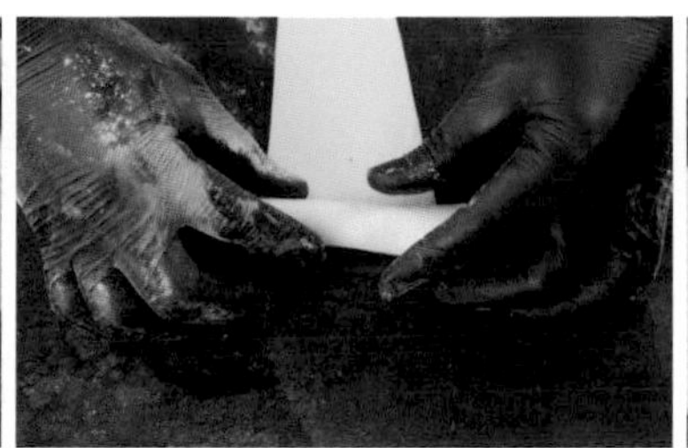

23 從寬面開始捲。

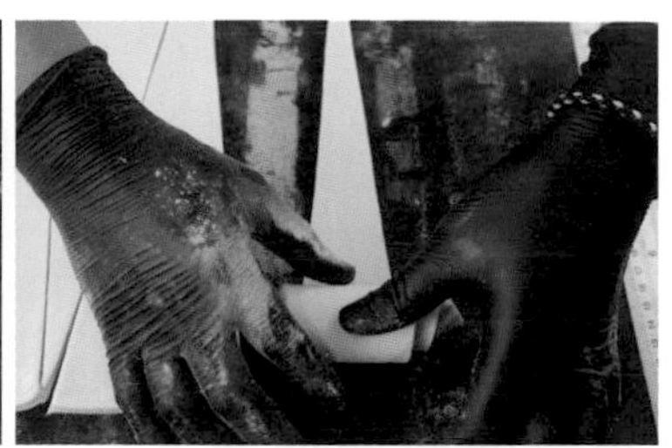

24 邊捲邊稍微拉伸麵皮。

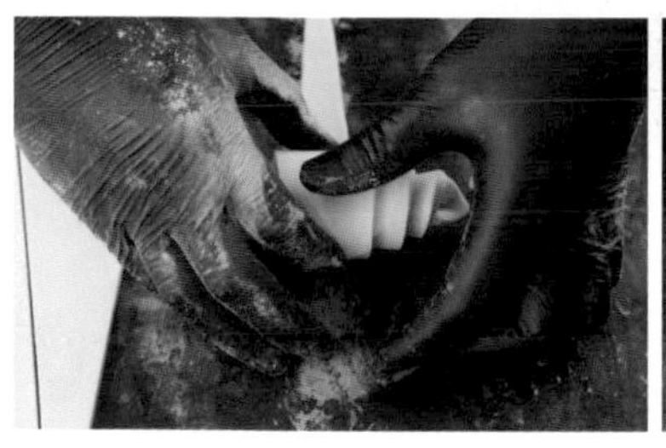

25 將麵團緊密捲起。

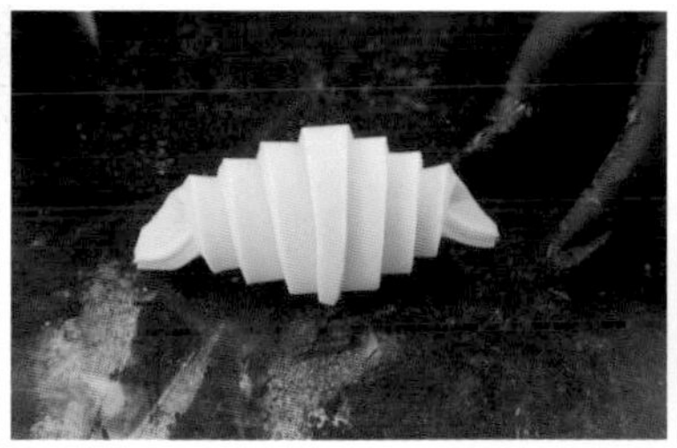

26 捲成可頌形狀。

27 間距相等放入不沾烤盤，表面噴水霧。

28 **最後發酵**：發酵90分鐘（溫度28～30°C；濕度70%）。等待麵團發酵約1.5倍大小，即可烘烤。

29 旋風烤箱設定190°C，送入烤箱前表面噴上薄水，送入烤箱後**再降溫至180°C**，烤25分鐘（關風門保留水氣）。

30 烤好的可頌表面抹上**30度波美糖水**（P.25），再度回到烤箱烘烤2分鐘乾燥糖漿。出爐後在室溫冷卻10分鐘，完成～

4-12

邊境可頌肉桂捲
Croissant Cinnamon Roll

難易度 ☆★★★★

TIPS/ 剛烘烤好的肉桂可頌表皮酥脆、內在柔軟保濕有彈性，當天吃是最棒的！但如果想要隔日或稍後再吃，可以將可頌完全放涼冷卻，放在密封容器中冷凍，享用前以 170°C 烘烤約 2 分鐘加熱即可，盡量在三日內享用，隔日的可頌組織會因為麵皮吸收水分而愈來愈乾燥。

材料

材料	公克
基礎可頌麵團 P.186 ~ 187	總重 896
肉桂風味裹入奶油	296

肉桂風味裹入奶油

裹入用 84% 奶油片	500
肉桂粉	35

作法

1 準備奶油片：所有材料放入攪拌缸中，以槳狀攪拌器低速攪拌均勻。

2 放在烤焙紙中，擀成可以被可頌麵皮包覆的矩形長度（長 19 × 寬 25 公分），包裹起來放冷藏保存待用。

TIPS/ 裹油量約是麵團總重的 30% 到 35% 之間，不會到四成，四成就太多了。

作法

1 **裹油**：取出降溫的可頌麵團，擀成長 20 ×寬 50 公分。

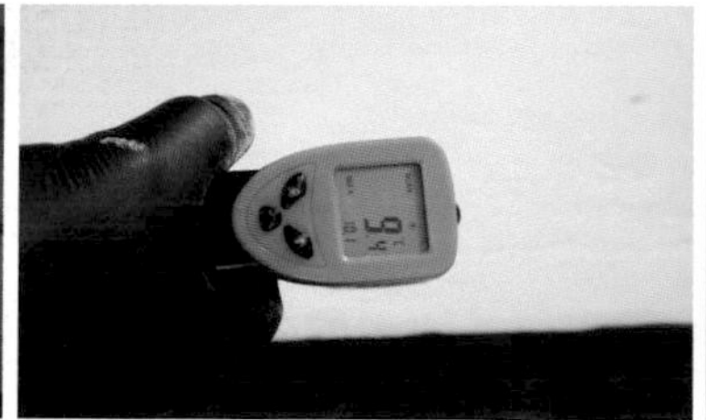

2 確認麵團溫度與奶油溫度一致，兩者溫度約 8 ~ 10°C 之間。

3 中心鋪上奶油片，注意勿讓奶油超出麵團之外。

4 取一側麵團朝中心摺回。

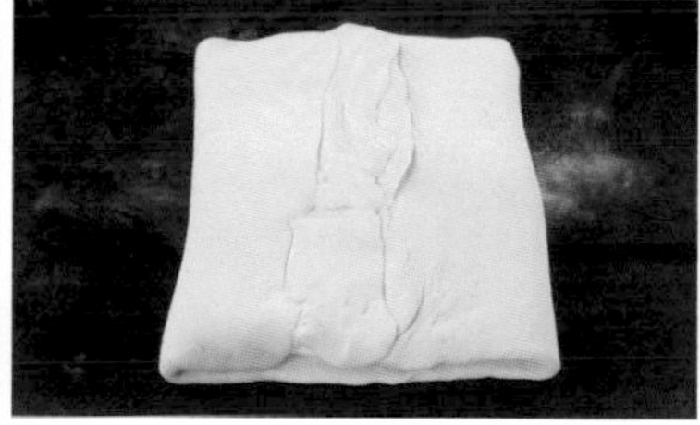
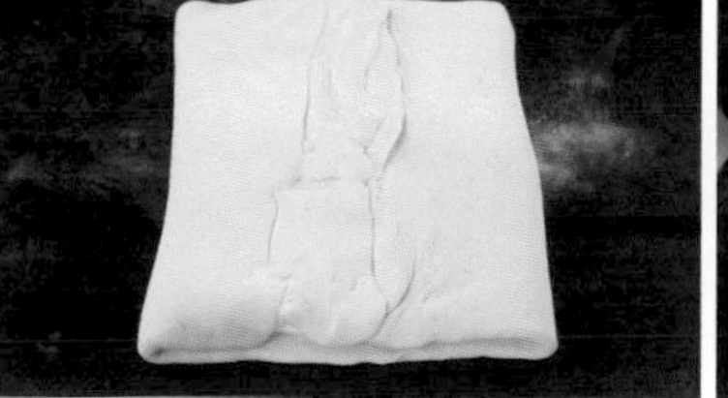

5 兩端麵團朝中心摺回。

6 把側邊麵團橫向割開。

TIPS/ 若以擀麵棍將麵團擀開裹油，建議做到步驟 6 時要用袋子將麵團妥善包裹，冷藏 30 分鐘讓麵團降溫。若是用壓麵機製作，速度夠快可不需冷藏，直接進行下一個步驟。冷藏與否的關鍵在於「麵團溫度」。

7 **四摺一**：壓延至寬度 50 公分，把左右兩側過多的麵團修去。

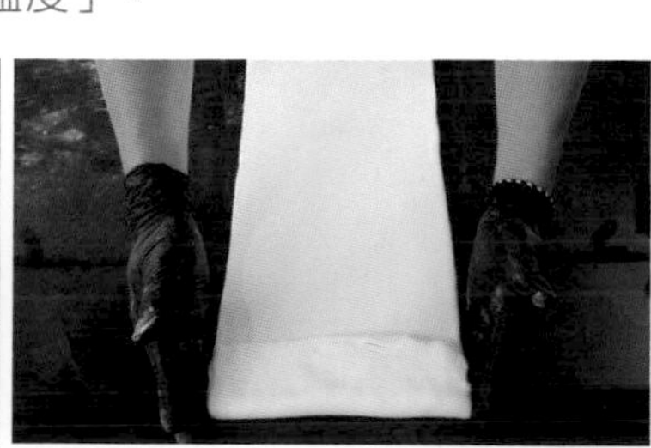

8 一側取 1/4 處摺回來。

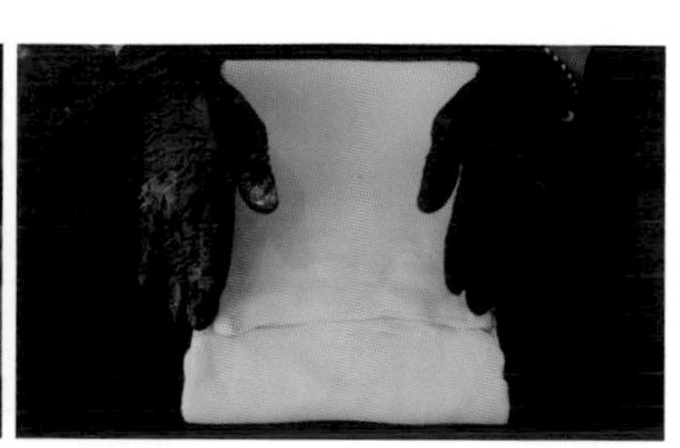

9 另一側取 3/4 處摺回（摺回處可用擀麵棍壓一下）。

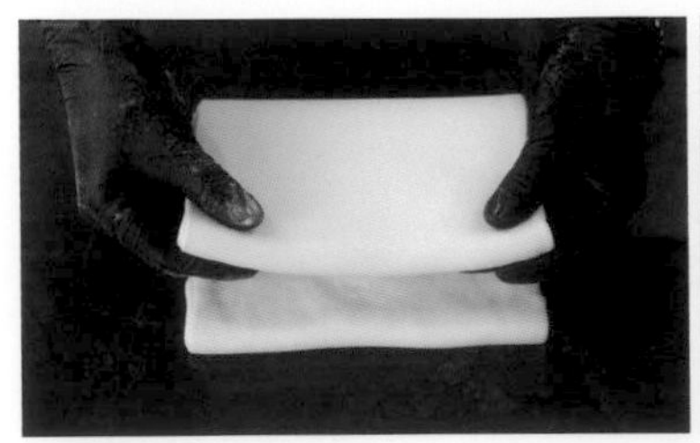

10 再從中對摺。

11 小刀割開麵團側邊鬆弛。

12 用袋子將麵團妥善包裹，冷藏 30 分鐘讓麵團降溫（此為四摺一）。

甜蜜小訣竅

☑ 四摺又稱為「雙摺」，**以上步驟即為四摺一次**。降溫讓麵團保持在 10 ~ 12°C 左右，再進行下一次的摺疊。

☑ 所有四摺手法皆相同，區別只在於操作次數，操作第二次即為四摺二次；第三次即為四摺三次，以此類推。

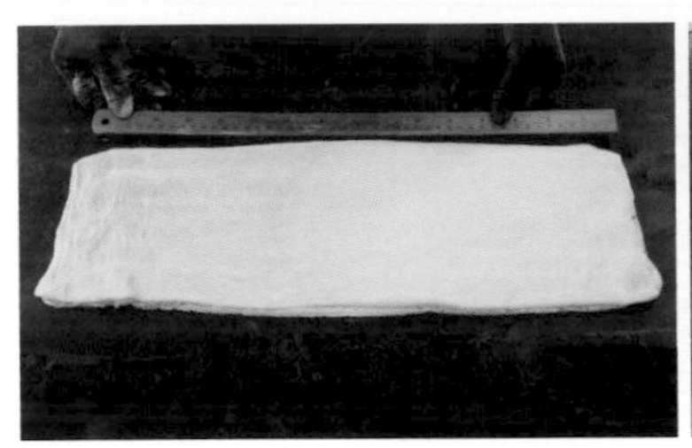

13 三摺：麵團撒適量高筋麵粉，擀成長度 50 公分。

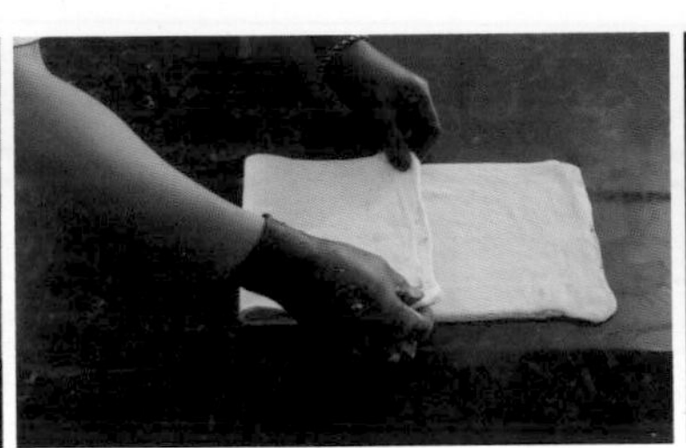

14 取一端摺回。

15 取另一端摺回（摺回處可用擀麵棍壓一下）。

16 小刀割開麵團側邊鬆弛。

17 以保鮮膜妥善包覆冷藏鬆弛 30 分鐘（此為三摺一）。

TIPS!

每一次摺疊都會讓麵團筋性變強，可以在麵團包覆的兩側以小刀輕輕劃開，幫助麵團鬆弛。注意麵團不能擀太厚，盡量維持在最高 1.5 公分的厚度。

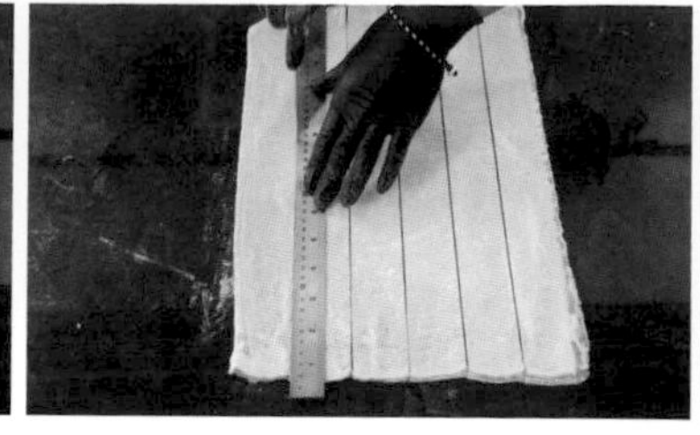

18 **整形**：取出冷藏麵團，擀成3.75公分的厚度（長45×寬35公分），修整四邊麵團。

TIPS/ 手工操作者，可將麵團分兩份加快速度。

19 切割成長43×寬4.5公分長條狀，等待麵皮溫度回升到17～18°C。

TIPS/ 麵皮溫度太低，中心發酵速度慢，烘烤後中心口感會很扎實。

20 準備數個圓形框（SN3480），內部塗上**融化無鹽奶油**（輔助麵團烘烤後脫模），間距相等鋪在不沾烤盤上。

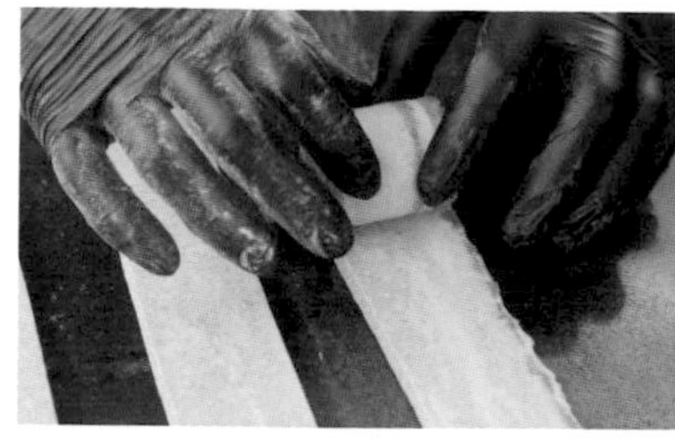

21 把回溫的麵皮捲起，放入圓形框中準備進行最後發酵。

22 **最後發酵**：發酵90分鐘（溫度28～30°C；濕度70%）。

23 旋風烤箱設定190°C，表面蓋上網墊。

24 放上網架（抑制烘烤高度）。

25 送入烤箱後降溫至180°C，烤25分鐘（關風門保留水氣）。

26 烤好的可頌表面抹上30度**波美糖水**（P.25），再度回到烤箱烘烤2分鐘，乾燥糖漿。

27 出爐後在室溫冷卻5分鐘，脫模。翻轉肉桂捲，擠**肉桂焦糖醬**（P.78～79）。

28 回烤10秒讓醬料完整披覆，最後在表面一半篩**防潮糖粉**、中間撒烘烤過的**胡桃碎粒**。

邊境布列塔尼奶油可頌
Kouign amann

難易度 ☆★★★★

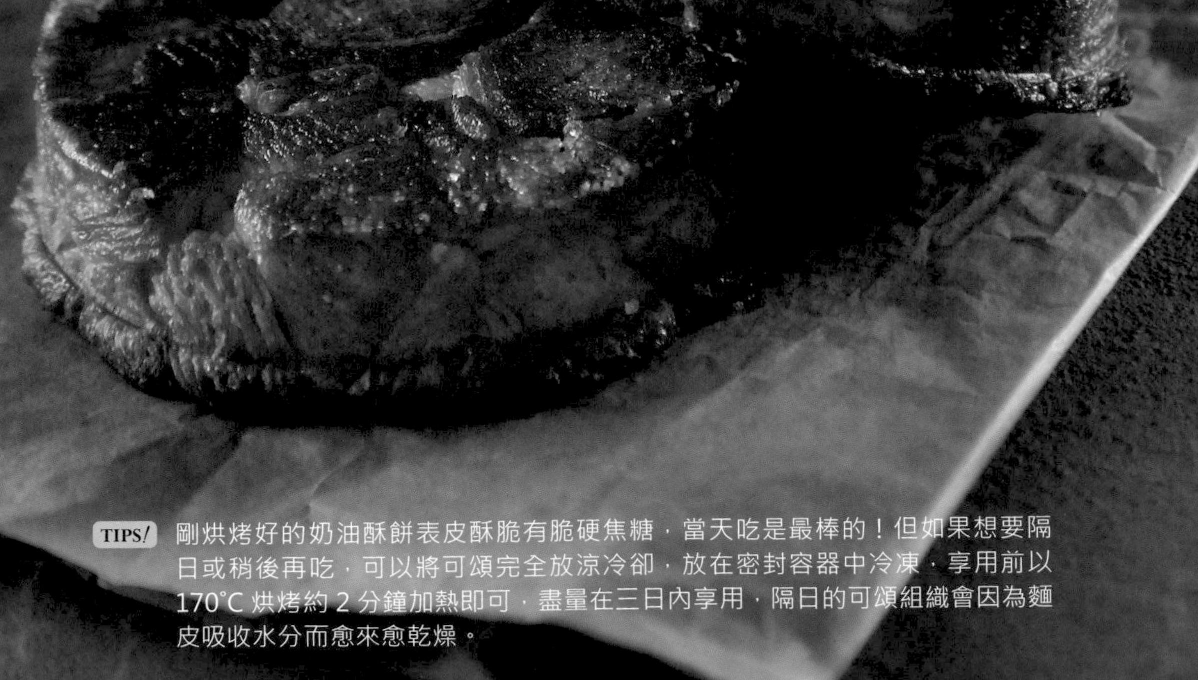

TIPS/ 剛烘烤好的奶油酥餅表皮酥脆有脆硬焦糖，當天吃是最棒的！但如果想要隔日或稍後再吃，可以將可頌完全放涼冷卻，放在密封容器中冷凍，享用前以 170°C 烘烤約 2 分鐘加熱即可，盡量在三日內享用，隔日的可頌組織會因為麵皮吸收水分而愈來愈乾燥。

材料

材料	公克
4-11 邊境招牌香草可頌 P.188 ~ 191 剩餘麵團	適量
4-12 邊境可頌肉桂捲 P.192 ~ 195 剩餘麵團	適量

作法

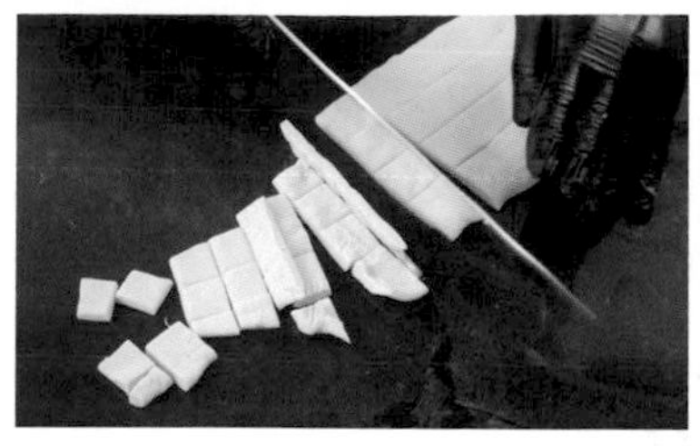

1 多餘的麵皮切成長寬2公分的小方形，放入盆子中。

TIPS! 也可以剪不規則方片，隨意即可～

2 撒上約麵團重量一成(10%)的**細砂糖**（此處用二砂糖亦可）。示範時切割後的麵團總重為660g，10%的糖量就是66g。

3 將**細砂糖**與切丁的可頌麵團均勻混合。

4 不沾烤盤抹上融化的**無鹽奶油**，間距相等排入圓形模具（SN3221），模具不須抹油。

5 中心撒適量**細砂糖**，烘烤後表面就會有漂亮的焦糖脆殼。

6 將裹上**細砂糖**的麵團取80g，放入圓形模具中，輕壓數下，盡可能平均地置入模具中。

7 最後發酵60分鐘（溫度28°C；濕度70 ~ 90%），體積不需發酵太大，以手指沾水輕壓會呈現回彈的狀態即可。

8 預熱旋風烤箱至190°C，送入烤箱前表面再噴上薄水，蓋上網墊。

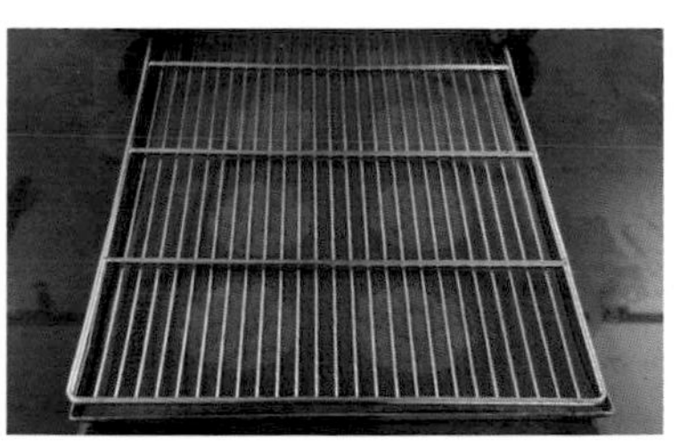

9 放上網架，**送入烤箱後降溫至180°C**，烤25分鐘（關風門保留水氣）。出爐後在室溫中冷卻5分鐘，脫下模具，完成。

後記

- 邊境甜點的千層產品銷售心得
- 給烘焙界新進的寓言故事
- 千層甜點的花蓮伴手禮
- 關於法式千層的種種 Q&A

千層類商品的百變運用：
可以是甜點，同時也能成為鹹點餐餚的配角。善用它獨特的口感與風味搭配，絕對是一款可以有很長生命週期的產品，一定能創造穩定而且具有獨特性的商機！

邊境甜點的千層產品銷售心得

千層產品在邊境一直是常勝軍。最一開始的香草覆盆子千層從日常的 8 到 12 支，一直到日銷 70 ～ 80 支（這樣大量的銷售通常發生在連續假期的日子，一連兩日或者三日），這已經是我們最多的產能了，再下去也產出不了那麼多。運用一台五層的烤箱，每天最多能烘烤的數量約 10 張焦糖化表皮的千層，切割後組裝，組裝完成後稍作冰鎮，如此一個循環大約會用到兩小時。一年統計下來，大概是九千到一萬支的銷量。千層一直是高比例營收的商品，也是我們著力最深的產品項目之一。

千層產品製作非常繁複，而且會耗用相當多的人力與時間。如果按照一個人力來製作，要產出約 40 片半張烤盤大小的千層派皮，在有擀麵機的幫助下大約會花掉一個人八小時的時間，而如果每天使用 3 ～ 4 張千層，這樣的產能大概只能度過十天的營業日而已，但是不太可能，因為週末的用量往往都是 5 張，而且有時也有其他產品會使用到千層派皮，所以千層派皮往往在十天以內就會用完了。一個月內，我們通常會安排兩整天的時間製作千層派皮，曠日費時。除了耗用人力外，千層派皮的成本也相當高，麵團中含有 30 ~ 40% 的無鹽奶油或高油脂的片狀奶油，有時候所採用的麵粉是 T55 法國進口麵粉，都大幅度地的增加了麵團的成本，如果沒有很省地使用麵團，常常會有龐大的麵皮周圍損耗無法再加工使用（烘烤過後的派皮是無法再使用的）。因此，製作派皮的人力加上原料成本與日俱增，鮮少甜點店會優先選擇千層派皮類的產品販售，那麼為何邊境一開始會選擇千層類的產品販售呢？

選擇法式千層的理由很簡單，因為當時市場很少人在做。即使是二〇二四年（現在），由於千層派皮的入行門檻高：技術要求、設備要求與原物料要求，因此大部分店家仍會選擇高毛利低人力投入的商品做為主要販售品項，還有一點，就是千層類的商品很難長期保存與宅配販售。

但是在創業之初，我仍記得在台北 Pierre Marcolini（瑪哥尼尼）工作，期間千層類商品的受歡迎程度，它的百變運用：可以是甜點，同時也能成為鹹點餐餚的配角，讓我為之著迷也很有信心。善用它獨特的口感與風味搭配，絕對是一款可以有很長生命週期的產品，再加上如果我們可以跟當地的物產做結合，一定能創造穩定而且具有獨特性的商機！

我們最終成功了，重點就是市場的「獨特性」，跳脫出最原始的餡料搭配，我們一開始仍圍繞在以法國為主題的食材上，像是巧克力、開心果等，儘管是組合式的大型千層蛋糕，我們仍保守地使用在法國取得的配方、原汁原味地呈現。接著，在觀察客戶開始理解 / 習慣甚至喜歡千層所創造出來的口感後，開始跟在地的食材結合：這時候是我們最天馬行空的想像時刻！最歡呼收割的時刻！

運用其他的堅果如芝麻、花生取代開心果（這同時也是臺灣人最熟悉的味道），再來是跟茶類的結合，選用的是臺灣茶如源自花蓮的瑞穗蜜香紅茶、烏龍茶、金萱茶等，跟花做結合的如乾燥柚花、（玉里）小油菊等，也不排斥跟臺灣水果做融合，但目前還在嘗試階段。法式料理的精神就是跟產地的蔬果做結合，運用當地風土所產出的最佳化產品，做出最具風味與獨特性的甜點，帶動當地的農產品，同時也將「花蓮」這個品牌具象化的推向更廣大的市場。這是我們在冷藏千層產品上的發展心得，結論是法式千層也可以擁有臺灣感動、臺灣風味。

當然，法式千層產品絕對不只僅現在冷藏甜點，它還有更多元的發展。如本書中的鹹派、餅乾、常溫類品項。同樣的發展脈絡，先從最原始的、最初的配方先做穩定了，大家熟悉了這樣的風味與口感後，自然會開始有想像，願意突破與嘗試新的風味，這時候便會有許多意想不到的結合。善用臺灣的豐富物產，我們做出來的口味更符合臺灣人的口味，也許沒有那麼「法」了，但是又有什麼關係呢？畢竟我們的主要受眾聚集在此，不該為了維持原有的樣貌而侷限自己的想像與應用，當然，我們仍然可以保有原有的樣貌與風味。現在店內所販售的產品是並行的，也就是有忠於原味的原始版本（法國版），還有入了臺灣味的產品，各有各的粉絲，也都旗鼓相當地賣得一樣好。

給烘焙界新進的寓言故事

「當你發現你眞心喜愛的工作時，
你會發現接下來的每一天，沒有一天在工作。」

有許多剛剛想要踏入烘焙這一行的朋友問我：烘焙這一行累不累？賺的錢多嗎？如果你是抱持著這樣的觀點或是想法踏入這一行，或是任何一個行業，除非運氣很好，否則很有可能會繞了很遠的路才到達目標成為自己理想的樣貌。

我選擇進入法式甜點這一行的故事很耐人尋味。在很多演講場合，師長們常常希望我可以將自身的故事跟小朋友們分享，讓他們在人生選擇職涯的路上可以做為借鏡與參考，免得走一堆冤枉路。於是，在我講了近百場演講後，我終於歸納出了一些條理，似乎可以將漫長的摸索縮短、讓充滿不確定的新鮮人可以確定志向、大步邁進，甚至可以給許多大朋友轉職時注入勇氣。

我沒有辦法確認每一位朋友是否都已經確定一件事：

「你已經準備好要跨入這個領域了嗎？」

在我還沒有成為烘焙人的三十歲之前，我大學唸的是外文（以英文為主、日文為輔），大部分時間都跟英詩、劇本還有小說混在一起，我常常跟妻子說：外文系對我來說就是看故事書系，一直在看英美文的故事書而已。當然這是開玩笑的說法，但是接下來的英美語文碩士就不是僅僅看故事而已了，還要用過不同的觀點分析、解構文本、找出敘述的脈絡，時而比較、時而對照，最後再用自己的觀點詮釋一次。如果可以，要拉著跟你有同樣觀點的著作一起下水，好做補充說明或引述他們的資料。你一定很難想像，我最後選擇了一個跟外文完全沒關係的工作，只因為我在研究所最後一年問了老師一個問題：請問老師，我們畢業後該選擇怎樣的工作？（是不是像極了這一篇的標題？）

老師認真回答我：千萬不要走上外文工作者。原因想當然是因為工作會很累、薪資很低，而且工時很長。就因為這樣的答案，所以我打了退堂鼓，畢業後第一份工作就選擇了平面美術設計（因為當時自學了一些平面美術設計，也在學校的資訊中心打工）。

美術設計一做就是七、八年，換了兩家公司，也準備要在而立之年成立自己的「數位科技工作室」，連營利事業登記證都已經申請下來了，資本額只有少少的二十萬不到的個人工作室，打算跟幾位夥伴、女朋友（現在的妻子）、弟弟一起打拼闖蕩！有一天晚上，毫無預期地，人生出現轉折。

Kim 問了我一句：如果不做平面多媒體設計，不開這家公司，你還會想要做什麼呢？當時雖然篤定開店，但也沒有斬釘截鐵的說「當然只有設計」，而是將目光轉向一旁的巧克力小店，同時心中勾起了高中迷戀做甜點的那段時光，回答說「巧克力糖果」。

Kim 緊接著追問：如果目標是要開一家店，你會想要開在哪裡？

我回說：花蓮，因為那裡還沒有店家專賣巧克力。

說也奇怪，就在那一刻我好像找到了我的第二個熱愛的事業一般，開始一股腦的投入。而 Kim 為了讓我更有計畫地執行，確認這不是三分鐘熱度，為我 ❶ 創建了部落格定期撰寫、❷ 找尋適合的甜點課程（當時連烘焙材料行的課都沒放過、都去上），高強度上課確認初衷，最終詢問了法國來台灣示範的 MOF 師傅 Stéphane Leroux，詢問他推薦的 ❸ 法國甜點學校——而我本來是要去日本藍帶學習法式甜點。

此後邊上班，邊經過了一系列的自我檢測，我依舊對甜點保持熱情、強大的好奇心與成就感，在那個當下幾乎就已經確定自己可以靠這個興趣當作職業了，還欠缺一個條件：那就是完全的脫離現在的設計行業。

離職是因為要前往法國學習甜點。我運用在數年工作間存到的錢加上不斷在設計行業累積賺到的外快，開啟了我的法國甜點學習之旅。這是一段破釜沈舟的日子，我只有拼命地學習（用自己存到的辛苦錢），想像我有一天在花蓮開設我的甜點店，用這樣的角度與心態去面對所有學習過程中的經驗與挑戰，我發現近半年實習的日子不再覺得辛苦，不覺得無償的工作不公平，反而覺得機會難得要盡其所能地（像一塊海綿）汲取所有可以成為未來成長的養分。主動提出想像中未來可能面對的問題、主動地提出無償加班需求，主動地參加法國的講習課程，如果可以我也提出想要製作一些從未接觸過的品項，同事跟老闆都覺得我是個充滿活力動能的好奇寶寶。兩個實習店家的老闆都在我要離開實習時給了我許多的讚賞與鼓勵，我也很感謝他們給我這樣的機會，讓我從初出茅廬的學生，變成認識如何將所學實際商業應用的甜點人了。

總結歸納，這個故事講的是半路出家、轉換跑道，講的是如何確認自己的初心，確認自己的選擇並且勇敢地走出去（踏出舒適圈），寓言故事說完了，學成歸國之後那又是另外一個篇章了。

對於許多半路出家，中途轉職的朋友，心中肯定都會存在著許多不確定性，害怕自己僅僅是三分鐘熱度的興趣，跟上去了卻發現不如想像中能持續熱愛。我建議一半維持著自己仍在進行的主業，然後開始跟另一個自己喜愛的興趣開始產生連結，弱連結，逐漸用對的方法持續確認自己的連結強度，直到想像自己可以將這門興趣化為未來的職業。如果可以，開始進行這方面的工作，即使是打工都可以，拉高強度讓自己處在很不舒適的環境（確認自己的初衷），然後找一位資深的朋友或老闆探究這一行最前緣將會遇到的挑戰與困難。知道自己的能耐，看到了未來即將會面對的困難與挑戰，就不會害怕也能降低驚恐焦慮。高風險地轉職是轉職者常常冒的險，轉職不一定要在一開始就鐵了心的 180 度大轉彎，可以用低風險式地跨轉、嘗試與摸索，避免無法挽回的遺憾。最後，祝福所有轉職到烘焙賽道的朋友可以確認你的初衷，快樂地加入這個甜點烘焙世界！

■

MICHEL
CLUIZEL

千層甜點的花蓮伴手禮

以花蓮地區為主題的風味大致有：西瓜、金鑽鳳梨、地瓜、芋頭、麵包果、刺蔥、馬告、柚子花、小油菊、金針花乾、蜜香紅茶、東方美人茶、瑞穗原產咖啡、洛神花、青梅、桑椹、百香果、文旦柚子等多種水果。

另外，還有許多季節性的原住民食材，如蕗蕎、珍珠洋蔥、鹹豬肉、醃漬小辣椒、飛魚乾以及各種野菜。這些可以在花蓮在地市場「黃昏市場」的原民集合攤商取得。

在伴手禮方面，千層酥是一個很棒的選項。伴手的概念原來是源自傳統的華人文化。在連橫所撰述的《臺灣語典》中曾寫道：「贄曰伴手。俗赴親友之家，每帶餅餌為相見之禮。而臺北曰手訊；謂手之以相問訊也。」而其中開頭的「贄」的意思就是一種見面時送禮物的簡稱，而文中所解釋的「伴手」正是意指拜訪親友時所攜帶的見面禮品。既然是臺灣語典，因此這樣的習俗不僅通行於閩南區域，影響臺灣地區，甚至在離閩南不遠的浙江、溫州等較內陸地區也盛行這種文雅的文化。而這樣的習慣慢慢演變成旅行時能帶走的伴手禮──「能夠攜帶到遠方贈與親友的紀念品禮物」。

如果要談的上能夠帶到遠方的紀念品

禮物，最好是能夠不用「冰」的東西為佳，若是食物，那就一定是常溫品項了！但是臺灣冬夏季節溫差極大，冬天可已來到日間 10°C 以下的低溫，而夏天則可以直衝超越人體溫度的 37°C，再者，潮濕也是一個令人相當頭疼的問題，空氣中的水氣充沛，常常讓許多產品容易受潮浸潤，而變得不再酥脆堅硬。在設計伴手禮紀念品的時候——尤其是食品，一定要將這樣的環境條件考量進去。

常溫的千層的品項是一個絕佳的選擇，只要能夠放在密封容器中，或至少能夠在一天之內享用，絕對可以保有百分之八十剛剛出爐的美味，而在面對潮濕的環境下，常溫品項往往只要稍微回烤一下就可以還原剛剛出爐的酥鬆脆口感了，非常適合作為伴手禮的選項。但是，千層畢竟只是一張派皮而已，要如何將他「伴手禮」化？

以運用千層派皮為輔，風味為主的方式思考，與在地的食材、風土結合在一起的話，就可以成為人人愛不釋手，而且必買的伴手禮品了！比方像是傳統的法式蘋果修頌 chausson aux pommes（其中可以加入在地的香料調味）、檸檬修頌 chausson au citron（可以採用不同的水果所熬煮的內餡），又或者將水果平鋪在派皮上一起進行烘烤的水蜜桃、洋梨千層等，或是做成零嘴一般讓人一吃就停不下來的捲心酥、捲捲條，運用香料調味的蝴蝶酥等。只要是能夠被千層派包住的水果都可以做成果醬，如果不方便做成水果那就直接新鮮切塊後夾在可頌中、盛放在可頌做成的麵包上都可以。千變萬化的風味組合與造型搭配只要掌握一個原則：以千層類的派皮或可頌為載體，而水果、香料或粉當做主角融入其中，或盛放，或包裹，就可以成為一道道具有創意，又有地方特色的產品了！這樣的設計不僅僅可以帶動 / 幫助地方特色產物的知名度，同時也能讓店家的產品具有獨樹一幟鮮明的辨識度。

當然，除了常溫以外，冷藏甜點也可以成為很不錯的伴手或者特色商品，冬天的「邊境」草莓大行其道，因此蛋糕櫃中不乏草莓的冷藏千層甜點。冬天來到花蓮旅遊觀光的朋友，因為氣溫涼爽，又自帶保冷袋，也可以輕鬆將冷藏甜點帶到臺北或更遠的臺灣西部跟家人朋友一起分享。我們也會為攜帶甜點到遠方的朋友添加「保冷小冰塊」（僅能提供約 30 分鐘左右的微冰鎮效果），並貼心提醒：「要盡快享用，還有旅途平安。」

---

[1] 贄（ㄓˋ）音讀：至。初次見面時所送的禮物。

關於法式千層的種種 Q&A

法式千層 mille-feuille 的領域真的是博大精深（只有這句形容，我真的是詞窮了），被歸納到一個更大的領域之中，即是法式甜點中的 viennoiserie（維也納式的甜點），在這個門類中，我們遇到的問題主要被分為以下幾種：

A「麵團類：正摺 vs 反摺」

在麵團的相關的問題中，熟稔法式千層的師傅一定可以料想到，無非就是傳統的正摺與後來發展出的來的新摺法反摺法，正反摺就是將麵團包裹住純粹的奶油，接著進行摺疊的方法。主要的差別表現在烘烤後的「膨脹層次」。正摺法的千層膨脹比較不平均，意即膨脹後的表面有可能會有較為顯著的高低落差，而反摺法則是相反，反摺法是以大量軟化奶油混合麵粉之後作為外皮，包裹住麵粉含量高的麵團，接著進行次數相對少的摺疊。反摺法的千層通常能夠有較為平整的表面，而且膨脹時側邊的層次也相對分明（在 81 摺的狀態下）。但是，仍有例外狀況，也就是一但「摺疊次數過多」時，千層的膨脹還是會受到影響，正摺法摺疊次數過多時（超過 500 層以後），奶油與麵團開始產生融合，此時層次會逐漸消失，而創造出比較多酥鬆、化口性佳的口感，變得比較像是餅乾了。正摺與反摺、層次多寡並沒有一定，完全端看製作者本身想要做出什麼樣的產品或產品想要傳達什麼樣的口感。

除此，麵團中的麵粉也有大學問。一般來說，在法國師傅們會採用 T55 來製作千層派皮，也因此派皮筋性較高，每做一次麵團摺疊就要進行比較長時間的休息鬆弛（至少冷藏 30 分鐘），雖然有較強的麥香氣味、膨脹度較高，但是在工作溫度高、講究製作效率的臺灣恐怕不是太友善，因此許多派皮中的 T55 會被低筋麵粉取而代之。另外值得一提的是，T55 所製作出來的千層派皮也相對比較會收縮而變形。

B 奶油

本書第一章節中，已經對千層派中的奶油有許多的論述與原理介紹，但是實際在動手操作中，奶油還是在許多地方有會「有狀況」。比方說：該用 82% 還是 84% 的奶油？奶油的操作溫度、融點？奶油品牌的選用與特別之處？

首先，我想先分享 82% 奶油與 84% 片狀奶油差別在何處。奶油的百分比代表奶油油脂的含量百分比，當奶油含量愈高時，奶油在低溫環境中會越「硬」，相反地，含水量高的奶油就會愈軟。因此，在愈高溫的操作環境下，選用奶油 % 愈高的奶油就會愈好操作，也因此常常可以看到片狀奶油都是採用比較高 % 的奶油，而刻意做成片狀，就是因為讓師傅們比較好操作，而不用將奶油刻意軟化整形成片狀。

82% 奶油在各溫度層的反應大相徑庭，是甜點師傅們最常運用到的知識：

冷藏奶油，溫度介於攝氏 4 ~ 7°C，在沒有敲擊下，奶油處在「偏硬」、「延展性差」的狀態。但是一但經過敲擊或碾壓之後，溫度升高至 8 ~ 14°C，奶油中的結構改變，就會讓質地「略微柔軟」、「具延展性」適合用來製作鹹甜派皮與千層派皮了。

攝氏 14 ~ 26°C 的奶油屬於軟化奶油，柔軟程度用手指輕壓就會凹陷的狀態，適合用來以打蛋器打發、軟化，製作餅乾、旅行者蛋糕的質地。

接下來的攝氏 32 ~ 36°C 屬於奶油的融化溫度，此時奶油會呈現液態的質地，多半是用來製作蛋糕麵糊的最後加入時使用。此時的奶油已無法打發，不再具有包覆空氣的能力了，但仍保有奶油在烘焙材料中的特性：保濕柔軟以及提供奶油香氣。

最後來到 126 ~ 132°C，此時奶油已經進入發煙點，也就是所謂的焦化溫度，繼續升溫的奶油會產生質變，色澤開始變深，原本的奶香味開始轉變為具有堅果香氣的風味，而奶油中的部分固形物開始慢慢焦化結塊。此時的奶油最適合用來製作法式經典費南雪或瑪德蓮蛋糕。

每一款奶油都饒富自己特有的風格氣味，主要是因為奶油在發酵過程中所採用的發酵用菌種不一樣，大部分的時候廠商不會單純只使用一種酵母菌來發酵奶油，而經過發酵過的奶油才會釋放特殊的風味。發酵奶油的風味大致區分為「清淡」、「濃郁（奶香）」與「堅果香氣」幾種，師傅們可以依照想要做出的產品作奶油挑選。

C 摺疊法或次數

本書第一章節中，已經對千層派中的奶油有許多的論述與原理介紹，但是實際在動手操作中，奶油還是在許多地方有會「有狀況」。比方說：該用 82% 還是 84% 的奶油？奶油的操作溫度、融點？奶油品牌的選用與特別之處？

最後，摺疊次數也是千層派皮中的大哉問。

正摺法千層可以進行比較多次的摺疊（500 摺以上），但是反摺法千層便無法太多次的摺疊（目前聽過最多達到 3 的 5 次方，約 243 摺），主要是因為以油在外、麵團在內的包裹方式，容易讓油與麵團融合在一起，因此使用哪一種製作法是首要，接著才是摺疊次數的選擇。

摺疊次數直接影響的是「層次外觀」與「呈現穩定性」。

摺疊次數少，所呈現的層次外觀愈明顯，比方像本書中的 27 摺法，用來製作需要層次清晰的產品，再往上摺疊就會產生層次逐漸消失的效果，500 層以上，層次會變得不明顯，取而代之的是更酥鬆的口感，可以想像成是奶油含量較高的餅乾麵團。愈往上的摺疊，麵皮會產生愈多的筋性，因此在烘烤過程中會產生比較多的收縮，這是在製作產品中需要被考量的重要參考。當然，使用的麵粉筋性也會直接影響到到收縮。另外，麵筋愈高的麵粉會產生愈好的膨脹性。

快問快答專區

Q

學千層的困擾之一：「如何不破皮？」

學習如何不破皮，就要了解「破皮的主因」。千層在擀摺的過程中，會產生筋性，而筋性不斷累積就會產生破酥（也就是破皮）的情形。因此，除了環境溫度保持低溫（攝氏 18 ~ 22°C，最高不超過 26°C），還要適度的讓麵團休息非常重要，每次在冷藏冰箱休息時間至少要 30 分鐘，如此就能減少麵團在擀摺中「破皮」的情形了。

Q

當千層酥上放了其他水果或潮濕的材料後，如何保持酥脆度？

千層的剋星是水，水會讓千層因為受潮而變得不酥脆，可以想像看看膨鬆的麵包被水分浸濕之後，變得再也不柔軟，表面再也不酥脆的感覺。延伸到所有塔皮派皮的產品皆是如此，一旦被水分浸濕之後就會失去原有的酥脆感。因此「阻絕水分」就是讓派皮保持酥脆的關鍵，我們可以用巧克力塗層作為隔絕水分的夾層、也可以噴上一層薄薄的可可脂在千層派皮的表面，或放上一層蛋糕體吸收水分，不管哪一種方式，都是盡量讓水分不要浸濕派皮與塔皮，如此便能保有派皮的酥脆度了。

Q

想知道千層該如何保持酥脆，怎麼做才能膨很高，且老化速度不要那樣快呢？

保持酥脆的最主要方式就是「隔絕水氣」，因此烤好的千層要將它放在常溫中，並且以樂扣盒或保鮮膜完全的包覆住，防止水氣的滲入而浸濕了派皮。受潮的派皮酥脆度會大打折扣，除非再重新回到烤箱中加熱烘烤過（建議 170°C 烘烤 5 分鐘）。膨脹很高的方法可以用前十分鐘完全不覆蓋烤盤，後來階段覆蓋「網架」的方式進行，如此一來網架與烤盤中有將近 1.5 公分的高度任由派皮膨脹，烤出來的千層就會具有一定的高度了。

防止派皮老化的方法與保持乾燥的方式如出一轍，只需要放到密封的容器內，並放在室溫中妥善保存即可。

Q

請問老師，做威靈頓牛排的外皮，要怎樣才可以做好？

威靈頓牛排的外皮講究的是酥脆與層次感分明，因此我會建議採用書中層次不用太多的 27 摺法正摺千層，或低於 4 摺三次的正摺千層。因為是料理鹹食廚房，因此在工序上不會像甜點廚房的繁雜。另外，因為包覆牛肉烘烤也有可能會有「收縮」的疑慮，因此也建議完成的派皮要打洞，防止在烘烤的過程中「露餡」了。

Q

如何在不使用機器的情況下，也能做出好吃的千層，技巧是什麼？

製作千層麵團最困難的地方在於「環境溫度」。不使用機械的環境下只要環境溫度控制得宜，讓室溫保持在 18 ~ 20°C 左右，一樣能只運用雙手、木頭桌面以及擀麵棍就可以將千層麵團完成了。當然，在擀摺的過程中，為了讓麵筋鬆弛下來，仍然需要大量的冷藏休息時間。

19號無鹽發酵奶油

- 100% 無添加潔淨標章認證
- 連續三年 榮獲 iTQi 風味評鑑絕佳風味勳章
- 工廠通過 HACCP &ISO22000 國際標準食品安全管理系統驗證

CLEAN LABEL

INTERNATIONAL TASTE INSTITUTE BRUSSELS

Baking 24

法式千層甜點專書

Voilà! Les viennoiseries

作　　者　賴慶陽

總 編 輯　薛永年

美術總監　馬慧琪

文字編輯　蔡欣容

攝　　影　蕭德洪

出 版 者　優品文化事業有限公司
電話：(02)8521-2523
傳真：(02)8521-6206
Email：8521service@gmail.com
（如有任何疑問請聯絡此信箱洽詢）
網站：www.8521book.com.tw

印　　刷　鴻嘉彩藝印刷股份有限公司

業務副總　林啟瑞 0988-558-575

總 經 銷　大和書報圖書股份有限公司
新北市新莊區五工五路 2 號
電話：(02)8990-2588
傳真：(02)2299-7900

網路書店　www.books.com.tw 博客來網路書店

出版日期　2024 年 5 月

版　　次　一版一刷

定　　價　630 元

I S B N　978-986-5481-58-2

國家圖書館出版品預行編目 (CIP) 資料

法式千層甜點專書 / 賴慶陽著 . -- 一版 . -- 新北市 : 優品文化事業有限公司 , 2024.05 224 面 ; 19 x 26 公分 . -- (Baking ; 24)

ISBN 978-986-5481-58-2 (平裝)

1.CST: 點心食譜

427.16　　113004199

特別感謝
拍攝助理 俊仲 Robert

上優好書網

LINE
官方帳號

Facebook
粉絲專頁

YouTube
頻道

Printed in Taiwan

（黏貼處）

法式千層
甜點專書
Voilà! Les viennoiseries

讀者回函

♥ 為了以更好的面貌再次與您相遇，期盼您說出真實的想法，給我們寶貴意見 ♥

姓名：	性別：□ 男　□ 女	年齡：　　　　歲
聯絡電話：（日）　　　　　　　　　　（夜）		
Email：		
通訊地址：□□□-□□		
學歷：□ 國中以下　□ 高中　□ 專科　□ 大學　□ 研究所　□ 研究所以上		
職稱：□ 學生　□ 家庭主婦　□ 職員　□ 中高階主管　□ 經營者　□ 其他：		

● 購買本書的原因是？

□ 興趣使然　□ 工作需求　□ 排版設計很棒　□ 主題吸引　□ 喜歡作者　□ 喜歡出版社
□ 活動折扣　□ 親友推薦　□ 送禮　□ 其他：＿＿＿＿＿＿＿＿

● 就食譜叢書來說，您喜歡什麼樣的主題呢？

□ 中餐烹調　□ 西餐烹調　□ 日韓料理　□ 異國料理　□ 中式點心　□ 西式點心　□ 麵包
□ 健康飲食　□ 甜點裝飾技巧　□ 冰品　□ 咖啡　□ 茶　□ 創業資訊　□ 其他：＿＿＿＿

● 就食譜叢書來說，您比較在意什麼？

□ 健康趨勢　□ 好不好吃　□ 作法簡單　□ 取材方便　□ 原理解析　□ 其他：＿＿＿＿

● 會吸引你購買食譜書的原因有？

□ 作者　□ 出版社　□ 實用性高　□ 口碑推薦　□ 排版設計精美　□ 其他：＿＿＿＿

● 跟我們說說話吧～想說什麼都可以哦！

□□□-□□

寄件人 地址：

姓名：

廣　告　回　信
免　貼　郵　票
三重郵局登記證
三重廣字第0751號

平 信

24253 新北市新莊區化成路 293 巷 32 號

上優文化事業有限公司　收
(優品)

法式千層
甜點專書
Voilà! Les viennoiseries

（請沿此虛線對折寄回）

優品文化事業有限公司
電話：(02)8521-2523
傳真：(02)8521-6206
信箱：8521service @ gmail.com

上優好書網

FB 粉絲專頁

YouTube 頻道